애프터눈
티타임

전통 영국식으로 즐기는

애프터눈 티타임

캐롤린 칼디코트 지음 | 최은숙 옮김

옐로스톤

VINTAGE TEA PARTY

차 례

티타임 7

잼 32

드로잉룸 티 42

하이 티 64

가든 티 파티 84

난롯가 티타임 102

아이와 함께 티타임 120

티타임

오후에 느긋하게 즐기는 티타임은 영국에서는 오래된 전통이다. 영국에서는 친구들이나 이웃들과 여름에는 야외에서, 겨울에는 따뜻한 실내에서 차를 마시며 편안한 오후 시간을 보낸다. 이 시간을 통해 하루의 스트레스를 잊고 건강성을 회복하는 것이다.

영국인이라면 누구나 옛날 스타일의 티타임 파티에서 향수를 느끼곤 한다. 가볍게 차 한잔을 즐기는 소박한 모임, 케이크와 오이 샌드위치, 잼과 크림을 곁들인 스콘, 크럼핏 등의 티 푸드와 거기에 어울리는 차 도구들이 어우러져 풍요로움이 넘치는 축제형 파티 등 티타임은 다채롭고도 다양한 형태가 있다.

옛날 스타일의 티 파티는 식기, 수저, 내프킨, 식탁보, 찻잔, 그리고 우아하고 고풍스런 티팟 등에서 전통과 현대의 적절한 조화를 꾀하는데, 이런 믹스앤매치는 애프터눈 티타임의 전통을 살리면서 우아함과 격조를 높여준다.

티타임을 위한 준비

옛날 스타일의 애프터눈 티 파티는 장밋빛 전통과 레시피를 재발견하는 기회이다. 특별한 법칙이 따로 있는 것은 아니며, 그날의 상황에 따라 적절한 믹스앤매치를 발휘하면 된다. 우선 수납장 한구석에 처박혀 있을지 모를 오래된 도자기를 찾는다. 만일 차 도구를 완벽히 구비하지 못했다면 가지고 있는 걸 활용하고 비슷한 느낌과 색상으로 새로운 걸 구입할 수도 있다.

차가 식지 않도록 티 코지는 반드시 씌우고, 우유 주전자나 설탕 단지는 굳이 갖출 필요가 없지만 차를 거를 스트레이너는 꼭 필요하다.

찻잔을 갖추는 데는 공을 들여야 한다. 예쁜 찻잔은 눈을 즐겁게 할 뿐 아니라 차를 즐기는 기분을 고조시킨다. 컵받침을 받치면 자세를 똑바로 하게 되니 받침도 필수다! 케이크 접시도 필요하다. 이왕이면 3단 케이크 스탠드를 갖추면 더욱 좋다.

찻잔은 시작일 뿐이다. 티 테이블을 완성하기 위해서는 많은 액세서리가 필요하다. 나는 세일할 때 칼 세트와 포크, 스푼을 사이즈와 용도별로 구입해 둔다. 케이크 나이프와 케이크 포크, 홈메이드 잼을 덜어낼 잼 스푼, 구운 크럼핏 위에 버터를 얇게 펴 바를 버터 나이프도 갖추는 게 좋다. 내가 찾아낸 최고의 보물은 따뜻한 물을 채워 보온을 유지시키는 반구형의 머핀 접시이다.

물론 식탁에는 식탁보를 씌워야 한다. 옛날 리넨을 세일하는 걸 보게 되면 재빨리 구입하기를 권한다. 나는 자수를 놓고 끝단을 레이스 처리한 핸드메이드 테이블보 세트를 가지고 있다. 그러나 흰색의 청결한 시트만으로도 충분하다. 내프킨도 잊지 말아야 한다.

마지막으로 꽃을 빠뜨리면 안 된다! 갓 꺾은 향기로운 장미로 티 테이블을 장식한다. 꼭 장미가 아니라도 신선하고 예쁜 꽃이라면 무엇이라도 스타일에 감흥을 더해줄 것이다. 가장 중요한 것은 자유롭게 상상력을 풀어놓고 준비 자체를 즐기는 것이다.

빈티지 스타일 티 세트 갖추기

첫 번째로 찾아볼 것은 집에 두고 잊어버린 오래된 물건이다. 한 번도 사용해보지 않은 물건들이 싱크대나 서랍 깊숙이 감춰져 있는 경우가 많다. 차 도구는 결혼식 선물로 늘 인기를 끌지만 포장도 벗기지 않은 채 집 안 한구석에 잊혀진 채 방치되는 일이 흔하다. 잊혀진 물건들을 재발견하는 일은 잊혀셨넌 추억의 한 페이지를 되살려내기도 한다.

집 안을 뒤지는 데 지쳤다면, 지역 자선 바자회에 들를 시점이다. 바자회에서 구입한 장식품과 리넨, 커틀러리 등으로 식탁에 변화를 모색할 수 있다. 나는 바자회에서 뜻밖의 물건을 늘 발견하곤 했다. 그렇게 머핀 접시와 완벽한 차 도구 세트를 갖추게 되었다. 물론 백화점 바겐세일도 놓칠 수 없는 기회이다.

빈티지와 앤틱 가게도 아주 좋아하는데 그곳에 가면 늘 보물을 만날 수 있기 때문이다. 지나친 지출 부담만 아니라면 이런 곳에서 어떻게 물건을 구입했는지 친구들과 이야기하는 즐거움을 나누어보라.

이 모든 방법을 써도 원하는 물건을 찾지 못하면 가정용품 전문 매장을 찾아간다. 그곳에서 빈티지 스타일의 물건들을 구입해 그동안 찾은 물건들과 잘 섞어서 테이블의 빈 부분을 채운다. 명심해야 할 것은 당신이 철 지난 물건의 진가를 알아보는 감각을 가지고 다시 생명을 불어넣기 위해 노력하고 있다는 사실이다.

부디 멋진 물건을 찾아내기를……

티 푸드와 테이블 세팅

전통 방식의 티 파티를 준비하기 위해 살림의 여왕이 되어야 하는 건 아니다. 구하기 쉽고 편한 방식으로 옛날 스타일을 따라 하면 된다. 홈메이드 케이크와 비스킷, 잼, 그리고 모든 맛난 깃늘늘 삿주어놓은 배장을 찾아가면, 뜨기운 본 앞에서 땀을 흐리지 않아도 된다. 케이크 세일하는 것을 발견하면 대량으로 구매해 냉동고에 얼려놓고 머핀, 스콘, 크럼핏도 냉동이 가능하니 한꺼번에 구입해둔다.

페이스트리, 잼, 크림과 아이싱 슈가를 구입할 수 있으면 환상적이다. 동네에 단골 빵집이 있으면 더욱 좋다. 슈퍼마켓에서 평범한 샌드위치를 사게 되더라도 그 안에 휘핑크림과 딸기를 듬뿍 채워 넣고 아이싱 슈가를 뿌려 색다른 변신을 꾀할 수 있다.

가게에서 구입한 잼 타르트와 페이스트리 또는 평범한 스펀지 케이크를 한 입 크기로 잘라놓고 바닐라 맛 휘핑크림을 돌돌 올린다. 그런 다음 레드커런트나 라즈베리를 얹는다. 가운데 크림이 든 생강 맛이 나는 브랜디 스냅을 구입하면 수납장에 보관해두었다가 먹기 전에 생크림으로 풍미를 더한다. 과일이 풍부한 여름철에는 조리된 과일에 가게에서 구입한 바닐라 커스터드와 생크림을 더해 예쁜 그릇에 담아 내는 것만으로도 맛과 향을 풍성하게 할 수 있다. 그리고 언제든 사용할 수 있게 조리된 과일은 얼려둔다.

요리 경험이 부족한 사람도 샌드위치는 쉽게 만들 수 있다. 빵 껍질을 제거하고 작고 앙증맞은 형태로 자르기만 하면 된다. 그러나 잼에 대해서는 절대로 타협해서는 안 된다. 꼭 홈메이드 잼을 권하지만 구하기 어려우면 설탕보다 과일 함량이 높은 걸 구입한다.

마지막으로 레이스나 페이퍼 도일리와 함께 빈티지한 케이크들과 차 도구들을 식탁에 내면 멋진 상차림이 완성된다.

영국인의 마음을 사로잡은 차

영국인의 차 사랑은 중국에서 처음 차가 들어온 17세기 중반에 시작되었다. 차는 웰빙 음료로 알려져 있지만, 청교도인 크롬웰은 차에 대한 열광이 타락을 조장한다는 이유로 차를 금지시켰다. 나행히 후계자인 찰스 2세에 들어서 차를 아주 좋아했던 아내 캐서린이 지참금으로 영국에 차 상자를 가져옴으로써, 차는 즐거움을 주는 좋은 음료라고 인식이 바뀌었다.

영국 왕실은 우유를 타지 않고 손잡이가 없는 잔에 따라 마시는 동양식 녹차의 매력에 즉시 빠져들었다. 민첩하게 새로운 유행을 좇는 부유한 상류층과 차를 받아들이기에 여유가 있는 부자들이 그 뒤를 따랐다. 귀중하고 값비싼 가정 필수품이었던 차는 캐디에 넣어 자물쇠로 잠가두고 집 주인만 열 수 있었다.

차는 값이 아주 비쌌고 높은 세금 때문에 밀수 차가 번성했다. 상인들은 고품질의 차에 잔 가지와 잎을 섞기도 했으며, 부유한 사람도 차 잎을 두세 번 우려 마시곤 했다. 차 잎을 재사용하는 일도 흔해 운이 나쁘면 마실 위험이 있었다. 차 색깔을 속이기 위해 재사용 잎에는 양의 배설물이나 독성 있는 구리탄산염을 섞었기 때문이다.

1784년 정부는 차 밀수에 제동을 걸기로 하고 119퍼센트로 부과되던 세금을 대폭 낮춤으로써, 섞음질하지 않은 순수한 차가 대중에게 적당한 가격으로 공급되었다.

차 무역에서 중국의 독점권을 깨고 싶었던 동인도회사는 인도와 스리랑카에 차 농장을 세움으로써 19세기까지 다즐링, 아삼과 실론의 저렴한 차가 시장에 넘쳐났다. 쓴 타닌 향은 차에 우유를 넣는 방식으로 중화시킴으로써 영국 국민은 점차 새로운 차의 매력에 빠져들었다. 금주 운동도 안전한 음료로서 차를 홍보하는 데 일조했다. 그렇게 차가 폭풍처럼 전국을 휩쓸게 되면서 동인도회사의 꿈은 실현되었고 마침내 홍차는 오늘날 우리가 알고 사랑하는 국가적인 음료가 되었다.

티타임의 시작

1840년 워번 저택에 머물고 있던 베드퍼드 공작부인 애나는 어느 날 늦은 오후 기운이 없는 걸 느끼고 내실로 차와 함께 빵과 버터, 케이크를 가져다 달라고 요청했다. 당시에는 아침 식사는 일찍, 저녁은 늦게 제공되었다. 아침과 저녁 식사 모두 호화로웠지만 뷔페식으로 차려지는 점심식사는 대개 먹지 않았다. 그래서 오후 4시쯤 되자 약간 배가 고팠다는 것은 놀라운 일이 아니었다.

가볍고 맛있는 식사로 기운을 차린 애나는 친구들에게 '차와 함께하는 산책' 모임 초대장을 보내 이때의 좋은 경험을 나누었다. 런던으로 돌아온 후에도 애나는 티타임 의식을 계속 이어가 친구들을 초대해 거실에서 차를 마셨다. 애나가 빅토리아 여왕의 곁에서 평생 가까운 친구가 됨으로써 애프터눈 티는 유행이 되었다. 애프터눈 티는 어느덧 공식화되어 4~5시가 되면 거실의 낮은 테이블에 모여 티타임을 갖고 이후 하이드파크 산책이 이어졌다.

애프터눈 티타임에는 티 가운이라는 특별한 의상을 입었는데, 티 가운은 실크와 쉬폰 소재로 케이크 자체만큼 가볍고 섬세했고 가장자리는 레이스로 장식되었다.

스포드, 민턴, 웨지우드 같은 대형 도자기 생산업체에서는 케이크 접시, 3단 스탠드, 빵과 버터 접시, 호화로운 찻주전자, 크림 단지 등으로 차 도구의 레퍼토리를 확장시켰다. 새로운 유행에 맞추어 흰색, 반투명, 손으로 그린 본차이나가 선호되었다. 본차이나는 차를 더 오랫동안 뜨겁게 유지시킨다는 장점도 있었다. 셰필드에서는 완전히 새로운 종류의 커틀러리가 나왔다.

테이블을 꾸며줄 새로운 레시피가 발명되었고, 곧 애프터눈 티는 화려한 케이크, 화려한 차 서비스, 화려한 은 주전자의 무게로 가득 찬 기쁨의 만찬이 되었다. 애프터눈 티 파티에서는 대화를 가볍고 여성스럽게 할 것이 요구되었다. 모든 에티켓 책들이 안주인의 행동 지침을 담고 있었고, 그렇게 해서 상류사회에서 애프터눈 티의 의식은 확고히 자리를 잡았다.

거실에서 티 룸으로

새로운 유행은 빠르게 퍼져나갔다. 건강빵으로 유명해진 에어레이트드 브레드 컴퍼니가 유행의 선구자가 되었다. 1864년 런던 매장의 여지배인이 처음으로 차를 서비스했고 뒤를 이어 티 룸들이 하나둘 생겨났다. 티 룸에서는 모범적인 숙녀들이 남의 이목을 의식하지 않고 혼자서도 외식을 할 수 있다는 크나큰 장점이 있었다.

백화점에서는 상류층 고객을 상대로 애프터눈 티를 팔면서 음악 반주를 곁들였다. 애프터눈 티 모임에는 모자와 장갑이 필수품이었다. 19세기 말에는, '니피'라는 애칭으로 불린 웨이트리스가 유니폼을 입고 차를 서빙하는 유명한 티 룸이 오픈했다.

20세기초에는 티 댄스가 유행해 늦은 오후에 기분전환을 위해 갖는 휴식시간이 되면 호텔에서는 투명 드레스를 입은 숙녀들이 차와 케이크를 들면서 오케스트라의 경쾌한 연주에 맞추어 왈츠를 추었다. 이 시간은 이성을 만날 완벽한 기회였다.

다양한 차의 종류

'주전자를 올려라'라는 불멸의 말이 있다! 좋은 차 한 잔은 우리의 아침을 깨우고, 저녁에는 기분을 안정시키고, 오후에는 피곤한 몸을 회복시켜준다. 그리고 좋은 소식이 있을 때는 축하의 의미로 마신다. 고급 와인처럼 처급되는 차는 여러 가지 요인에 의해 성격이 결정된다. 흥미롭게도, 모든 차는 같은 품종의 식물 *Camellia sinensis*의 변종이다. 차나무는 고지에서 자라는데, 1~2주 간격으로 새로 자란 꼭대기의 2개 잎과 잎봉오리만 채취한다.

채취한 시기와 장소는 매우 중요한데, 차 발효의 성격을 결정 짓는 가장 큰 요소이기 때문이다. 발효하지 않은 녹차는 딴 다음 덖음 과정만 거친다. 이렇게 함으로써 산화를 막고 녹색과 풀 향기를 보존한다. 녹차는 풍미를 극대화하기 위해서 다른 걸 섞지 않고 단독으로 마시길 권한다.

영국에서 가장 많이 마시는 홍차는 발효 과정을 거친다. 차 잎을 말린 다음 기계에서 돌려서 짓이기는데 이렇게 산화되는 과정에서 효소가 생성된다. 그 다음 잎들은 발효 과정을 거쳐 최종적으로 건조되는데 이때 잎이 홍차 특유의 검은색을 띠게 된다. 홍차에는 주로 우유나 레몬을 넣어 마신다.

우롱차는 두 가지의 장점을 최대한 취한 차이다. 부분 발효 차인 우롱차는 우유를 넣거나 레몬을 넣어도 좋고 아무것도 넣지 않고도 마시는데 어느 경우든 섬세한 맛을 선사한다.

다음 페이지에서는 차를 선택하는 데 도움이 될 나만의 방법을 소개해놓았다.

인도 차

아삼 티
매일 음용하기 좋은 차로서 몰트 향을 간직하고 있는 강한 홍차이다.

다즐링 티
히말라야 산기슭이 원산지로서 가볍고 섬세한 향을 가지고 있어 차 샴페인으로 불렸다.

닐기리 티
남인도의 말라바르 언덕에서 유래한 중간 강도의 홍차로서
앙증맞은 케이크와 완벽하게 어울린다.

중국 차

기문 홍차
황산 산맥에서 나오는 이 홍차를 두고 중국인들이 '난초의 향기'가 난다고 말한다.
그냥 마시거나 소량의 우유를 넣어 마신다.

포모사 우롱차
중국에서 최고 보배로 여기는 차 중의 하나. 반 발효 차로, 우유를 넣지 않기를 권한다.
그렇게 하면 복숭아 꽃 향기를 즐길 수 있다.
머랭과 잘 어울린다.

랩상 수총
독특한 훈향의 맛을 느낄 수 있는 홍차. 모든 사람의 기호에 맞는 것은 아니지만,
많은 사람들이 좋아한다. 우유를 넣어서 마시거나 그냥 마신다.

녹차

중국에는 많은 등급의 녹차가 있으며 가장 일반적으로 알려져 있는 것은 건파우더이다.
차 잎을 돌돌 말아 둥글게 뭉친 알갱이 형태로 자극적인 맛의 맑은 차이다.
맑고 부드러운 맛을 선호하는 사람들에게는 좀 더 고가인 용정차나 자스민 꽃을 넣은
자스민차를 시도해볼 만하다. 절대 우유를 넣어서는 안 된다.

스리랑카 차

실론 티

사랑스럽고 부드러운 맛이 나는 홍차.

일본 차

번차 같은 가볍고 옅은 풀색의 녹차나 전통 다례에서 사용되던 말차에는 돈을 아낌없이 써도 좋다.

아프리카 차

케냐 차

중간 강도의 홍차로서, 애프터눈 티에 완벽히 어울린다.

블렌딩 티

얼그레이

중국 홍차에 버가못 오일을 넣어 향을 첨가한 홍차. 레몬이나 우유를 넣어 서빙하는 애프터눈 티로서
인기가 있다. 중간 강도의 홍차로서, 애프터눈 티에 완벽히 어울린다.

역사적으로 차는 테이블에서 즉석으로 만들었다. 극적 효과를 연출하고 안주인의 차 믹싱 기술을 보여주기 위해서였다. 귀한 차를 보여주기 위해 캐디는 자물쇠를 열어둔다. 보통 완벽한 블렌딩을 위해 여러 종류의 차를 볼에서 섞으며, 블렌딩한 차는 가능한 한 신선하게 마시기 위해 화려한 은 주전자에 넣어 테이블에서 바로 끓인다. 차가 지나치게 진해지지 않도록 따뜻한 물이 든 다른 주전자를 가까이 두고 끓어오르려 할 때마다 물을 부어준다.

우유에 대해

끓인 물의 열기가 차 맛을 망치는 걸 막기 위해 우유를 넣는다는 사람도 있고 차 속의 타닌 성분을 중화시킴으로써 차 맛이 좋아진다고 하는 사람들도 있다. 우유에 대한 질문은 처음부터 끝까지 개인적 취향의 문제이다. 다음은 내 취향이다.

완벽한 한 컵

티백은 쓰지 말 것. 잎차는 완벽한 차를 우리는 데 필수적이다.
그리고, 물론 절대 머그잔에 차를 내어서는 안 된다.

물 때가 끼지 않은 빈 주전자에 차가운 물을 붓고 끓인다.
명심해야 할 것은 지나치게 오래 끓이지 않는 것이다.
물속의 산소는 최상의 맛을 내는 데 꼭 필요하다.
오래 끓일수록 물속에 산소는 줄어들게 된다.
티팟에 끓인 물을 조금 부어 헹군 다음 물을 버린다.

차 잎을 넣고 끓인 물을 붓는다.

티팟을 티 코지로 덮고 좋아하는 차의 강도에 따라 3~5분 우린다.

잔에 찬 우유를 조금 따른 뒤 뜨거운 차를 스트레이너로 거르면서 따라 붓는다.

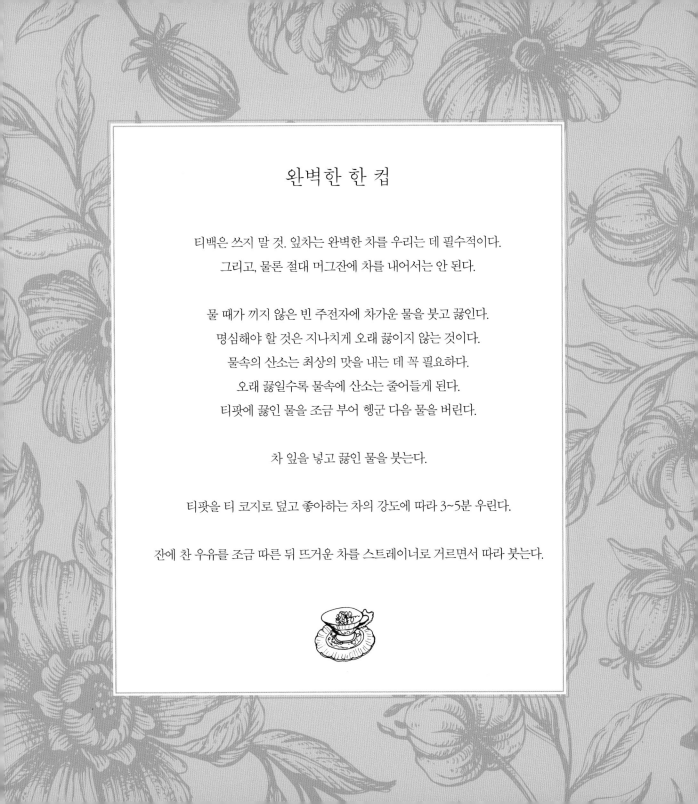

샌드위치의 역사

애프터눈 티에서 빠질 수 없는 샌드위치는 18세기 중반 카드게임을 좋아하던 샌드위치 백작 4세가 발명했다고 전해진다. 손과 카드에 기름기가 묻는 게 싫었던 샌드위치 백작이 하인에게 빵 사이에 차가운 고기를 넣어달라고 요청했고, 다른 신사들도 같은 걸 주문한 게 시작이었다.

애프터눈 티에 곁들여지는 샌드위치는 빵 사이에 고깃덩이를 끼워 넣는 원래 스타일에서 좀 더 세련된 버전으로 바뀌었다. 티 파티에 어울리게 우아함이 더해져 질감은 가벼워졌고 부서지지 않게 한 입 크기의 알맞은 사이즈가 되었다. 그러나 저녁식사를 대신하는 하이 티에서는 냉육과 스트롱 치즈를 가득 넣고 피클을 곁들여 든든한 한 끼 식사가 된다.

샌드위치의 모양과 사이즈

애프터눈 티를 위해 빵 껍질을 제거하는 걸 좋아하면 창의적이 될 수 있다. 테이블을 다채롭게 연출하고 선택의 폭을 넓히고 싶으면 여러 형태의 빵을 사용하는 게 좋다. 샌드위치 플래그는 장식을 위해서뿐만 아니라 초대한 손님에게 샌드위치 속을 설명하는 데 편리한 방법이다.

네 개의 손가락 모양으로 자른 핑거 샌드위치가 클래식이며 작은 네모 모양과 세모 모양 또한 전통적이다. 재미있는 모양을 연출하고 싶으면 페이스트리 커터로 하트 모양이나 다이아몬드 모양으로 자르는 방법도 있고 버터와 부드러운 샌드위치 속재료를 펴 바른 다음 스위스 롤처럼 만 롤 샌드위치도 있다. 샌드위치는 가능한 최상의 맛을 유지하기 위해 서빙하기 직전 만드는 게 좋다. 먹기 전까지는 밀폐 용기에 넣어두거나 젖은 천을 덮어서 보관한다.

티타임 술

티타임은 늘 우아하고 조용하게만 흘러갈까?

애프터눈 티 유행이 절정에 달했을 즈음 흥겨움을 높이는 강한 음료가 티타임 목록에 들어왔다. 빅토리아 여왕이 좋아한 클라레컵과 호화로운 샴페인컵(59쪽 참조)이다. 화려한 그릇에 담겨 나오는 이 칵테일들은 펀치 글라스에 옮겨 마셨다.

샴페인은 호사로움이 넘치는 애프터눈 티타임에서 즐거움을 높이기 위해 늘 등장했다. 1920년대의 어린 아가씨들이 좋아하던 진과 레몬을 곁들인 얼그레이 티(100쪽 참조)도 있고, 또는 난롯가에서 마시는 뜨거운 녹차 토디(82쪽 참조) 한잔으로 추운 겨울 오후를 따뜻하게 해줄 수도 있다.

잼

따뜻한 스콘 위에 한 스푼 듬뿍 얹은 홈메이드 과일 잼, 가벼운 스펀지 케이크에서 흘러내리는 라즈베리 잼, 그리고 오븐에서 갓 꺼낸 뜨거운 타르트에서 보글거리는 레몬 커드, 보기만 해도 군침이 도는 모습이다. 잼은 만들기 쉽고 저렴하며 만족감도 커 늘 색다른 즐거움을 제공한다.

잼 병은 사용했던 것을 오븐에서 100℃로 가열하거나 끓는 물을 넣어 소독해 사용할 수 있다. 잼 병을 봉하기 전에 왁스페이퍼로 덮고 뚜껑은 예쁜 도일리나 무늬 있는 원형 종이를 씌워서 장식한다. 주방용품 숍이나 백화점에서 하는 세일 행사 때 잼을 구입해도 좋다. 홈메이드 잼을 파는 곳이 있으면 언제든 구입해 보관해두는 것도 유용한 방법이다.

잼 병이나 컷글래스 볼에 잼 스푼을 꽂아 서빙한다.

댐슨자두 잼

이 레시피는 자두에 효과적이지만 좀 더 특이하고 고풍스러운 댐슨을 찾을 수 있다면 금상첨화일 것이다. 좋은 청과물들은 보통 늦여름에 저장해둔다.

| **약 1.3kg 만들기** |

- **댐슨 또는 일반 자두 900g**
- **물 380㎖**
- **그래뉴당 800g**

1. 줄기를 제거하고 과일을 씻는다.
2. 바닥이 두꺼운 팬에 물을 넣고 끓이다가 불을 줄이고 과일이 부드럽게 뭉개질 때까지 졸인다. 충분히 졸아들었으면 과일의 형체가 없어질 때까지 으깬다.
3. 불을 끈 다음 설탕을 첨가하면서 완전히 녹을 때까지 저어준다.
4. 팬을 다시 가열하고 10분간 끓인 후 다시 불을 줄여 끓인다.
5. 과일의 씨가 표면으로 올라오면 슬롯스푼으로 과일 씨를 건져낸다. 과일 씨가 모두 올라올 때까지 계속해서 젓는다.
6. 잼에서 모든 과일 씨를 건져낼 즈음이면 응고점에 도달한 것이다. 잼을 한 스푼 떠서 냉각시킨 소스 그릇에 놓아 테스트해본다. 만일 잼 표면에 주름이 생긴다면 완성된 것이다. 주름이 생기지 않으면 다시 저어준다.
7. 끓여서 소독한 병에 잼을 넣은 다음 원형의 왁스페이퍼로 덮고 즉시 밀봉한다.

약탈자의 엘더베리와 블랙베리 잼

늦여름 엘더베리는 잼을 만들어달라고 아우성치는 듯한 작은 진보라색 베리 송이들로 한껏 무거워진다. 엘더베리에 블랙베리를 섞으면 차를 위한 완벽한 잼이 탄생한다. 잼의 양은 얼마나 많은 딸기를 따느냐에 달려 있다.

- **같은 양의 엘더베리와 블랙베리**
  (과일 450g당 설탕 350g으로 계량)

1. 블랙베리에서 줄기를 제거한 후 깨끗이 씻는다. 엘더베리도 포크 가지로 줄기를 훑어 열매를 분리한 후 마찬가지로 줄기를 제거하고 씻는다.
2. 바닥이 두꺼운 소스팬에 베리들을 넣는다. 과일이 끓어오른 다음 15분간 조리한다.
3. 계량한 설탕을 붓고 녹을 때까지 저어주며, 20분간 팔팔 끓인다. 앞에 설명한 자두 잼의 레시피대로 응고점을 테스트한다. 만일 아직도 묽다면, 몇 분 더 끓인다.
4. 불을 끄고 소독한 병에 담는다. 원형의 왁스페이퍼로 덮고 즉시 밀봉한다.

레몬 커드

크리미하고 가볍고 향기로운 레몬 커드는 티 파티에서 다양하게 활용된다. 뜨거운 여름날 따뜻한 스콘에 한 덩이를 올리거나 정성스런 하이 티를 위한 타르트에 발라 굽거나 샌드위치 크림으로도 활용할 수 있다.

내 어머니는 항상 돌솥을 이용해 레몬 커드를 만들었고 나도 이제 어머니를 따라 하고 있다. 레몬 커드를 만드는 데 있어 돌솥을 따라올 만한 게 없기 때문이다.

| 약 450g 만들기 |
- **왁스 칠하지 않은 레몬 3개**
- **주사위 모양의 버터 110g**
- **캐스터 설탕 225g**
- **큰 달걀 3개**

1. 레몬의 껍질을 강판에 갈아 제스트를 만들고 즙을 짠다.
2. 내열 용기에 버터를 넣은 다음 냄비에서 중탕한다. 버터가 녹으면 캐스터 설탕과 달걀을 깨뜨려 넣고 저어준다.
3. 레몬 제스트와 레몬즙을 넣고 커드가 단단해질 때까지 일정하게 저어준다.
4. 돌솥에 붓고 원형 왁스페이퍼로 둥글게 싼 다음 고무줄로 단단하게 묶는다. 또는 소독한 잼 병에 붓고 원형 왁스페이퍼로 덮은 뒤 뚜껑을 닫는 방법도 있다. 차가운 곳에 보관하고 하룻밤 동안 굳힌 다음 냉장고에 넣어 보관한다.

장미꽃잎 잼

옛날에 즐겨 먹던 장미꽃잎 잼은 지금은 찾아보기 힘들다. 갓 구운 빵에 버터를 바르고 장미꽃잎 잼을 올려 먹으면 정말 맛있다. 나는 직접 키운 장미가 시들어 떨어지려 할 때 꽃잎으로 잼을 만든다. 장미꽃잎은 농약을 치지 않고 향이 강한 이른 아침에 딴 게 최고다. 유통기한이 길지 않기 때문에 조금씩 한 다발씩 따서 사용하는 게 좋다.

| **약 450g 만들기** |
- **장미꽃잎 225g**
- **잼 설탕 450g**
- **물 1ℓ**
- **레몬 2개의 즙**

1. 장미꽃잎을 골라 밑부분을 자른다. 잎이 크다면 작은 조각으로 자른다.
2. 꽃잎을 뚜껑이 잘 맞는 플라스틱 통에 넣는다. 절반 정도의 설탕을 넣어 섞는다. 꽃잎이 전부 덮였으면 통 뚜껑을 닫고 향이 우러나오도록 하룻밤을 둔다.
3. 물을 붓고 소스 팬에 남아 있는 설탕과 레몬즙을 넣는다. 약불에 올려 설탕이 완전히 녹을 때까지 저어준다.
4. 장미꽃잎을 섞고 25분간 약불에 끓인 다음 5분 동안 빠르게 끓인다. 잼은 걸쭉해지지만 장미꽃잎 잼은 차가운 소스 그릇에 놓고 하는 굳기 시험에서는 반응하지 않는다.
5. 살균 소독하고 따뜻하게 데운 병에 담는다. 왁스 처리된 잼 커버로 덮고 즉시 밀봉한다.

라즈베리 잼

라즈베리는 미묘하고 호화로운 잼을 만들며 케이크에 완벽하게 어울린다. 펙틴이 함유되어 있지 않아 잼 슈가를 사용하며 적은 양의 레몬즙도 만드는 데 도움이 된다. 제조 방법은 35쪽의 엘더베리와 블랙베리 잼 레시피를 참조한다. 라즈베리는 딱 8분 조리한 다음 과일 450g당 레몬 한 개의 분량으로 레몬즙과 잼 슈가를 넣고 응고점에 이를 때까지 끓인다. 마지막으로 병에 담는다.

딸기와 샴페인 잼

잼 중에서 가장 호화로운 잼이다. 너무 되직하지 않은 딸기 샴페인 잼은 스콘에 아주 훌륭하게 어울린다. 샴페인을 이용하는 레시피 말고도 드라이 스파클링이나 로제와인으로 대체해도 아주 즐겁게 남아 있는 음식을 먹어치울 수 있다.

| 약 900g 만들기 |

- **4등분한 잘 익은 딸기 450g**
- **설탕 375g**
- **샴페인 175㎖**
- **갓 짜낸 레몬즙 4큰술**

1. 바닥이 두꺼운 팬에 딸기, 잼 설탕 및 샴페인을 넣고 설탕이 녹을 때까지 약불로 저어준다.

2. 레몬즙을 넣고 20분 동안 뭉근하게 끓인다. 그런 다음 5분 동안 급속 가열한다.

3. 응고점을 테스트한 후 잼이 약간 꾸덕꾸덕해질 때까지 팬에 15분 동안 둔다.

4. 소독하고 데워둔 병에 담고 왁스페이퍼로 덮어 즉시 밀봉한다. 이 잼은 차갑게 두어야 굳어지는데 잘 굳게 하려면 24시간 이상 두어야 한다.

드로잉룸 티

거실에서 하는 애프터눈 티 파티는 안주인이 편안한 소파나 낮은 팔걸이의자 앞에 놓인 낮은 테이블에서 차를 서빙하기 때문에 로 티라고도 부른다. 티 가운을 우아하게 차려 입은 손님들은 둥글게 모여 가십거리나 가벼운 대화를 나눈다. 보통 호화로운 만찬이 뒤에 이어지기 때문에 제공되는 음식은 아주 세심하게 신경 써서 한 입 크기의 사이즈까지도 엄격하게 제한한다. 애프터눈 티 유행이 한창일 때, 인기 있는 숙녀들은 하루에 여러 건의 초대를 받아 부지런히 이 파티 저 파티 옮겨다니곤 했다.

전통적인 드로잉룸 티의 우아함을 재현하려면 우선 최고의 도자기를 꺼내 맛있는 훈제 연어와 능숙하게 돌돌 만 핀휠 샌드위치를 장식한다. 그리고 3단 케이크 스탠드에는 잘 어울리는 섬세한 타르트와 밀푀유, 공기처럼 가벼운 레몬 드롭스를 담는다.

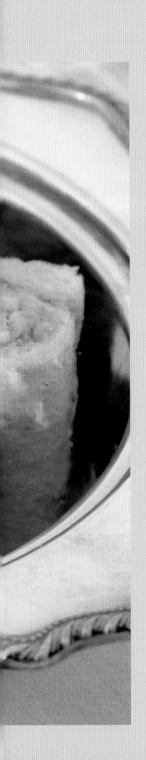

테이블보는 예쁜 티타임 용품으로 반드시 필요하다. 도일리와 샌드위치 플래그와
리넨 내프킨을 사용하여 분위기를 연출하고, 꽃으로 장식한다. 최상을 추구하는
안주인이 되어 소파에서 파티를 관장하면서 다즐링, 티 샴페인, 클라레컵(59쪽)
이나 레몬을 넣은 얼그레이, 건강음료 진(100쪽)으로 파티의 흥을 높인다.

훈제 연어와 크림치즈 샌드위치

크림치즈를 레몬즙, 카옌 후추, 잘게 채 썬 차이브, 갓 갈아놓은 흑후추와
섞는다. 갈색 빵에 버터를 펴 바르고 양질의 훈제 연어를 얹는다. 슬라이스한
다른 버터로 덮고 빵을 돌돌 말아 가장자리를 잘라낸 후 먹기 좋은 사이즈로
자른다. 사각형으로 자를 수도 있다.

달걀 겨자채 샌드위치

달걀 겨자채 샌드위치는 애프터눈 티와 잘 어울리는 한 쌍이고 만드는 법이
간단하다.
삶은 달걀을 찬물에 담가 식힌다. 껍데기를 벗긴 후 볼에 담고 으깬다.
마요네즈와 소금 후추를 넣고 잘 섞는다. 버터 바른 빵에 편편하게 펴 바르고
겨자채를 뿌리고 그 위에 버터 바른 빵을 올린다. 살짝 눌러준 후 가장자리를
잘라낸다. 돌돌 말거나(28쪽 참조) 접시에 원하는 모양으로 잘라 낸다.

레몬 드롭스

레몬 커드, 휘핑크림과 케이프구스베리(꽈리)로 장식하는 앙증맞고 예쁜 한 입 크기의 케이크.

| **약 12개의 케이크 만들기** |

- **가벼운 스펀지 케이크 1개**(58쪽 참조)
- **레몬 커드** (38쪽 참조)
- **걸쭉해질 때까지 휘핑한 더블크림 275㎖**
- **캐스터 설탕**
- **케이프구스베리는 잎을 뒤로 접고 약간 비틀어 똑바로 서게 한다.**

1. 58쪽의 조리법에 설명된 대로 제노바 케이크를 만든다.
2. 5cm의 원형 금속 페이스트리 커터를 사용하여 12개의 조각으로 케이크를 자른다.
3. 각 케이크를 반으로 잘라 레몬 커드를 뿌리고, 휘핑된 더블크림과 샌드위치를 함께 얹는다.
4. 캐스터 설탕을 뿌리고, 더블크림을 짜서 위에 얹고 준비된 케이프구스베리를 올린다. 가능한 한 빨리 낸다.

잉글리시 마카롱은 18세기에 와인 한 잔에 곁들여서 먹는 오전 간식으로 탄생했다. 같은 이름인 프랑스 마카롱과는 전혀 다르며 꿀 색깔과 아몬드 토핑이 특징이다. 영국식 전통 푸딩인 트라이플이나 와인크림 같은 디저트와 함께 티 테이블에서 인기를 끌었다.

잉글리시 마카롱

가볍고 달콤한 이런 아몬드 비스킷은 애프터눈 티를 완벽하게 보완한다. 전통적으로 라이스페이퍼에 굽는데, 라이스페이퍼를 구하지 못하면 트레이에 기름을 바르고 구워도 된다.

| 약 18개 만들기 |

- 큰 달걀 2개의 흰자
- 쌀가루 25g
- 캐스터 설탕 225g
- 오렌지 플라워 워터 1작은술
- 아몬드 가루 110g
- 반으로 가른 아몬드 약 450g

1. 오븐을 180℃로 예열한다.
2. 2개의 베이킹 트레이에 라이스페이퍼를 깐다.
3. 달걀 흰자를 단단해질 때까지 거품을 내고 설탕을 넣는다.
4. 아몬드, 쌀가루 및 오렌지 플라워 워터를 가볍게 섞는다.
5. 준비한 베이킹 트레이에 혼합물을 한 스푼씩 놓는다. 여유 공간을 충분히 확보한 다음, 반으로 가른 아몬드를 마카롱 위에 올린다.
6. 예열된 오븐에서 20~25분 동안 옅은 황금색이 될 때까지 굽는다.
7. 오븐에서 꺼내 식히고 각 비스킷의 가장자리를 자른다.

초콜릿

초콜릿은 스페인 정복자들에 의해 멕시코에서 유럽에 전해졌고, 17세기에 영국에 상륙했다. 런던에 처음 선보인 초콜릿은 '몸과 마음을 치유하는 힐링 음료'로 홍보되었고, 우유와 설탕을 넣어 끓인 후 거품기로 거품을 내어 서빙했다. 초콜릿 하우스는 런던에 빠르게 퍼져나가 그때까지 한 번도 맛보지 못한 묘한 맛을 보려는 사람들이 몰려들었다. 또한 티 하우스의 선구자로서 급진적인 정치 토론과 흥밋거리들의 온상이 되었다.

18세기 후반에 들어 초콜릿은 디저트, 케이크, 심지어 맛있는 음식 레시피에 포함되었다. 분쇄된 콩에서 코코아 버터를 제거하는 새로운 기법으로 코코아(좀 더 쉽게 우유와 섞이는)가 생산되었다. 더 나아가 추출된 코코아 버터에 분쇄된 코코아 콩과 설탕이 혼합되어 초콜릿바가 만들어졌다. 그리고 마침내 초콜릿은 특별하고 신비스런 맛이라는 기쁨을 주는 존재로서 티 테이블의 중앙을 당당히 차지하기에 이르렀다.

초콜릿 머랭 케이크

지금까지 맛본 최상의 초콜릿 케이크. 좋은 품질의 다크초콜릿으로 만들어지며, 딸기와 휘핑크림과 함께 서빙한다.

- **무염 버터 225g**
- **케이크 틀에 칠할 기름 약간**
- **조각으로 분쇄한 양질의 다크 초콜릿 200g**
- **노른자와 흰자로 분리한 중간 크기의 달걀 6개**
- **캐스터 설탕 200g**
- **완성 케이크에 뿌릴 아이싱 슈가**
- **단단하게 휘핑한 더블크림 275㎖**
- **씻어서 꼭지를 따고 반으로 자른 딸기**

1. 오븐을 190℃로 예열하고 클립을 푼 23cm 루즈 바텀드 케이크 틀에 기름을 바른다.
2. 볼에 초콜릿과 버터를 넣고 중탕하여 녹인다. 불에서 내린 후 잘 섞일 때까지 함께 젓는다.
3. 달걀 흰자에 설탕을 넣으면서 크림 상태가 될 때까지 거품을 낸다.
4. 금속 스푼을 이용해 재빨리 케이크 믹스를 초콜릿 버터 소스와 섞고 준비된 케이크 틀에 붓는다.
5. 오븐의 중간 선반에서 1시간을 굽는다. 케이크가 부풀어 오르면 오븐에서 꺼낸다. 부풀어오른 케이크가 가라앉으면서 특유의 모양이 나타난다.
6. 식힌 다음 케이크 틀의 바깥 링을 제거한다. 하지만 케이크 바닥은 예민하므로 떼어내려고 해서는 안 된다. 아이싱 슈가를 뿌리고 휘핑크림과 딸기로 장식한다.

애프터눈 티가 인기를 끌면서 프랑스의 위대한 파티셰들은 영감을 얻었다. '천 개의 잎'이라는 밀푀유, 페이스트리가 그 완벽한 예이다.

라즈베리 밀푀유

겹겹이 포개진 잎으로 이루어진 페이스트리는 퍼프 페이스트리만 구입하면 만들기가 아주 쉽다. 라즈베리 잼을 바른 샌드위치에 거품 낸 더블크림과 글라세 아이싱과 라즈베리를 얹으면 라즈베리 밀푀유는 완성된다.

| 약 12개 만들기 |

- **퍼프 페이스트리 250g**
- **아이싱 슈가 110g**
- **거품 낸 더블크림 275㎖**
- **장식에 쓸 라즈베리와 씨 없는 라즈베리 잼**

1. 오븐을 230℃로 예열한다.
2. 퍼프 페이스트리를 3mm 두께로 밀어 6cm 지름의 페이스트리 커터로 원 모양으로 자른다.
3. 각 라운드의 표면을 고르게 하기 위해 포크를 이용해 반복적으로 찌른다. 논스틱 베이킹 트레이에 충분한 간격을 두고 펼쳐놓는다.
4. 오븐에서 바삭해지고 황금빛을 띨 때까지 10~15분 굽는다.
5. 오븐에서 꺼내 식힘망으로 옮긴다.
6. 손으로 만졌을 때 살짝 납작해지면 얇고 날카로운 칼로 반으로 자른다.
7. 부드럽고 두께감이 생길 때까지 아이싱 슈가에 물을 첨가하면서 스푼 등쪽으로 코팅한다.
8. 각 페이스트리의 리드를 아이싱하고 손으로 다룰 수 있을 만큼 충분히 놔둔다.
9. 페이스트리 베이스에 약간의 라즈베리 잼을 바른 후 밀푀유를 늘어놓는다. 그런 다음 휘핑된 더블크림을 짜서 올리고 아이싱한 리드를 올린다. 아이싱의 중앙에 약간의 크림을 짜서 올리고 마지막으로 라즈베리로 장식한다.

숏브레드의 기원을 두고 논란이 많다. 16세기 장례식에서 주던 쇼트 케이크에서 진화했다는 설이 있는데, 그럼에도 스코틀랜드에서 시작되었다는 사실만은 확고하다.

숏브레드 비스킷

부서지기 쉽고 캐스터 설탕을 뿌린 섬세한 숏브레드는 완벽한 질감을 위해 될 수 있는 한 잘 다루어야 한다. 나는 비전통적인 혼합법으로서 말린 라벤더를 첨가하곤 한다.

| 12개 비스킷 만들기 |
- **밀가루 175g**
- **소프트버터 110g**
- **소금 한 꼬집**
- **더스팅할 캐스터 설탕 50g**

1. 오븐을 180℃로 예열한다.
2. 밀가루와 소금을 믹싱볼에 넣고 흔들어 섞은 다음 설탕을 넣는다.
3. 버터를 작은 사각형으로 잘라 넣고 밀가루를 부드럽게 문질러 도우를 만든다.
4. 두께가 0.5cm가 될 때까지 밀가루 반죽을 가볍게 민다.
5. 지름 6cm의 원 모양으로 자르고 논스틱 베이킹 트레이에 놓는다.
6. 오븐의 중간 선반에서 비스킷이 창백한 버터 색이 될 때까지 15~20분을 굽는다.
7. 오븐에서 꺼내어 따뜻할 때 설탕을 뿌린 다음 식힘망으로 옮긴다.

제노바 케이크

여러 케이크에 완벽한 베이스가 되는 가볍고 탄력 있는 고전적인 스펀지 형태의 케이크. 예를 들어 스위스 롤케이크(123쪽 참조), 레몬 드롭스를 위한 프티 라운드 케이크(46쪽 참조), 잼과 크림 또는 단순히 열린 샌드위치에 활용된다.

- 달걀 3개
- 캐스터 설탕 110g

- 체로 친 셀프레이징 밀가루
- 녹인 버터 2큰술

1. 오븐을 200℃로 예열한다.
2. 18×28cm의 사각형 틀과 모서리를 틀에 딱 맞게 커팅한 유산지를 준비해 녹인 버터를 바른다.
3. 믹싱볼에서 달걀과 설탕을 넣고 꾸덕한 크림처럼 될 때까지 약 10분간 거품을 낸다.
4. 체에 걸러진 밀가루에 녹인 버터를 넣어 부드럽고 두툼한 반죽을 만든다.
5. 케이크 틀에 붓고 황금빛이 될 때까지 10분 동안 굽는다.
6. 조금 식으면, 조심스럽게 틀을 뒤집어서 유산지를 제거한다.

클라레컵

빅토리아 시대에 인기 있던 티 칵테일이다.

- 클라레(보르도 와인) 노는 레느와인 1병
- 세리 주 한 잔
- 브랜디 2잔
- 레몬즙
- 오렌지와 레몬 껍질

- 분쇄한 니드멕 1/2작은술
- 캐스터 설탕 3큰술
- 소다수 500㎖
- 얼음 간 것
- 가니시를 위한 보리지 가지 또는 오이 껍질

모든 혼합물을 큰 볼에 넣어 섞은 다음 펀치 글래스에 붓고 장식한다.

샴페인컵

조금 더 호화로운 걸 원하면 샴페인을 쓸 수 있다.

- 샴페인 1병
- 소다수 400㎖
- 분쇄한 얼음

- 브랜디 2잔
- 캐스터 설탕 2큰술
- 가니시에 쓸 오이 껍질

주전자에 모든 재료를 넣어 섞고 즉시 잔에 따른다.

야생자두 슬로는 블랙손나무의 수렴성 과일이다. 둥근 모양의 진보라색으로, 가을에
말랑하게 익으면 수확한다. 우리는 해마다 가을이 되면 할머니를 도와 산울타리에서
야생자두를 따고 포크로 과일을 훑어내는 지루한 작업을 거들었다. 크리스마스가 되면
할머니는 그 야생자두로 담근 소중한 슬로진을 자랑스럽게 꺼내셨다. 나는 지금 그 일을
좀 더 수월하게 한다. 자두를 밤새 얼려두면 으깨기가 쉽고 자두 안의 당을 깨뜨리는 이중
효과가 있다는 걸 알았기 때문이다.

슬로진 위드 샴페인

슬로진은 샴페인과 최고의 단짝이고 함께 섞었을 때 티 파티에서 사랑스런 옛날 방식의 칵테일을 만든다. 샴페인이나 드라이 스파클링 화이트 와인에 소량 부어 마신다.

| 슬로진 만들기 |

- 세척한 야생자두 454g
- 반으로 가른 2개의 바닐라 꼬투리
- 진 75㎖
- 그래뉴당 175g

1. 한 번에 한 주먹 정도 포크로 야생자두 알을 훑는다. 하룻밤 냉동시키면 더 쉽게 할 수 있다.
2. 킬너 자에 설탕을 붓고 야생자두와 바닐라 콩을 붓는다. 그리고 진을 붓는다.
3. 밀봉하고 3개월 동안 어두운 곳에 둔다. 며칠에 한 번씩 설탕과 야생자두, 진을 뒤집는다.
4. 3개월 후 걸러서 소독한 병에 담는다. 바로 마셔도 되지만 최소 3개월 정도 더 두었다 마시는 게 가장 좋다.

하이 티

가볍고 우아한 애프터눈 티와 달리 하이 티는 따뜻하고 시골스럽고 온 가족이 모여 즐기는 소박한 티타임이다. 전통적으로 하루 일과가 끝나는 6시에 이루어지며 저녁식사를 대신하기도 한다.

초대받은 손님들은 마음껏 먹고 마실 수 있다. 샐러드, 토스트, 머핀, 햄, 치즈, 피클과 고기파이가 식탁에 오르고 위스키나 럼 등의 알코올 음료도 등장해 분위기도 부드럽고 격식이 없다. 숙녀들은 보통 사각 테이블에 모여 앉고 남성들은 둥글게 모여 그날의 사건들에 대해 시끄럽게 토론한다. 테이블에는 컵, 무릎에는 접시와 떨어지는 음식 부스러기를 잡을 커다란 손수건이 펼쳐져 있다.

하이 티 메뉴인 뜨거운 치즈가 지글거리는 웰시 레어빗에는 빵과 가염 버터, 삶은 달걀, 쇠고기와 양고추냉이 샌드위치, 저민 돼지고기와 햄 파이, 샐러드, 크럼핏을 서빙한다. 과일이 잔뜩 든 에클스 케이크, 가정식 커피호두 케이크, 잼 타르트와 두껍게 슬라이스한 옛날 스타일의 씨앗 케이크가 뒤따른다. 그리고 즉석에서 뜨겁게 우린 아삼 티를 마신다.

　　테이블보는 특별히 신경 쓰지 않으며 두툼한 도자기 잔을 놓고 티팟은 뜨개질한 티 코지로 덮는다. 상이 차려지면 테이블에 둘러앉아 격식 없이 편안하게 먹는다.

웰시 레어빗

토스트에서 지글거리는 치즈에 저항할 수 있는 사람이 있을까?

| 4인분 |

- 간 스트롱 체다 치즈 225g
- 버터 1큰술
- 겨자 가루 1작은술
- 밀가루 2작은술
- 우스터 소스 2작은술
- 맥주 4큰술(술을 피하려면 대신에 우유)
- 맛내기용 흑후추
- 두껍게 썬 빵 4조각

치즈, 버터, 겨자, 밀가루와 우스터 소스를 팬에 넣어 부드럽게 녹인 후 맥주를 첨가한다.
부드러운 질감을 만들기 위해 저어주고, 취향에 따라 후추를 추가한다.
빵은 한쪽 면만 구운 다음, 굽지 않은 다른 쪽에 치즈를 바르고 가열한 그릴에 넣어
황금색으로 부풀어오를 때까지 굽는다. 뜨거울 때 바로 서빙한다.

연어 병조림

얇게 구운 샌드위치를 채우거나 뜨거운 버터 토스트에 펴 바르는 데 완벽한 멋진 구식 요리법.

- 껍질과 뼈를 제거하고 익힌 연어 200g
- 녹인 버터 40g
- 메이스 가루 한 꼬집
- 갓 갈고 빻은 검은 후추와 소금

부드러운 페이스트 형태가 될 때까지 모든 재료를 함께 섞는다. 냉장고에 보관하려면 페이스트 위에 소량의 버터를 부어 밀봉한다.

하이 티 샌드위치

햄과 잉글리시 머스터드, 귀한 로스트비프와 양고추냉이, 체다 치즈와 피클은 맛있는 하이 티 샌드위치에 들어가는 모든 멋진 속재료이다.

크럼핏

가게에서 파는 크럼핏은 절대 홈메이드 크럼핏을 따라올 수 없다. 겉은 바삭하고 부드러운 벌집 모양으로 속은 균형이 잘 잡혀 있고 위에는 버터가 녹아 있다. 크럼핏의 풍미를 위해서는 마마이트나 녹인 치즈를 펴 바르거나 홈메이드 잼 또는 꿀로 단맛을 더한다. 이 레시피를 위해서는 크럼핏 틀이 필요하다. 크럼핏 틀이 없으면 달걀 틀이나 심장 모양의 금속 페이스트리 커터를 사용해도 좋다.

| **10개 만들기** |

- 전지우유 150㎖
- 물 150㎖
- 캐스터 설탕 1작은술
- 건조 효모 1작은술
- 강력분 밀가루 110g
- 밀가루 110g
- 소금 1/2작은술
- 중탄산소다 1/4작은술
- 따뜻한 물 1큰술
- 해바라기 기름 1큰술

1. 우유와 물을 따끈할 정도로 데운다.
2. 설탕, 건조 효모, 오일을 함께 섞고 녹을 때까지 젓는다. 완전히 거품이 될 때까지 한쪽 방향으로 젓는다.
3. 믹싱볼 안에 밀가루와 설탕을 체로 걸러 넣고 가운데 우물을 만든다.
4. 우유 혼합물을 우물 안에 붓고 반죽이 완전히 부드러워질 때까지 젓는다.
5. 깨끗한 티 타월로 덮고 따뜻한 곳에 45분간 놔두면 거품이 반죽의 표면으로 올라온다.
6. 따뜻한 물에 중탄산소다를 녹여 반죽 안에 넣어 젓는다. 타월로 덮고 그대로 45분을 더 놔둔다.
7. 3개의 크럼핏 링과 프라이팬에 약간의 해바라기 오일을 바른다. 링을 팬에 올리고 중불로 가열한다.
8. 각 링에 반죽의 3/4을 채우고 표면에 구멍이 생기고 반죽이 자리잡을 때까지 8분간 서서히 익힌다. 만일 부풀지 않으면 반죽에 물을 더 첨가한다.

9. 링을 제거하고 크럼핏이 황금빛이 될 때까지 4분을 더 익힌다.

10. 크럼핏이 모두 완성되면 각 크럼핏에 큰 버터 한 덩이씩 올리고 즉시 서빙한다.

에클스 케이크는 매운 버터와 커런트로 속을 채워 부풀린 페이스트리로, 랭카셔의 에클스에서 기원했다. 18세기 후반 제빵사인 제임스 버치에 의해 처음 만들어지고, 밴버리 케이크에서 재창조된 것으로 알려져 있다. 밴버리 케이크는 튜더 왕조에 의해 많은 사랑을 받았고 전통적으로 종교 행사가 있는 휴일에 판매했다.

매운 에클스 케이크

즐거움을 극대화하기 위해서 따뜻하게 제공되는 에클스 케이크는 랭카셔 치즈의 완벽한 동반자이며, 위스키를 넣은 차와 함께 먹기도 한다. 나는 늘 퍼프 페이스트리를 사는데 에클스 케이크가 만들기가 좀 어렵고 상업적인 브랜드도 훌륭하기 때문이다.

| 약 12개 만들기 |

- 황색 캐스터 설탕 75g
- 가염 버터 50g
- 간 계피 1/2작은술
- 간 너트멕 1/4작은술

- 갈아놓은 올스파이스 1/4작은술
- 커런트 225g
- 캔디드필 25g
- 퍼프 페이스트리 500g

1. 오븐을 220℃로 예열한다.
2. 바닥이 두꺼운 팬에 설탕과 버터를 녹인다. 향신료를 넣어 젓는다. 커런트와 캔디드필을 넣는다.
3. 도마에 밀가루를 뿌린 후 퍼프 페이스트리를 올려놓고 아주 얇게 밀어 펴서 10cm 동그라미로 자른다.
4. 커런트 혼합물을 원 모양의 페이스트리에 나누어 놓는다. 접기 전에 퍼프 가장자리에 물을 조금 묻혀 정돈하고 모서리를 접어 봉한다. 뒤집어서 커런트가 보일 때까지 밀대로 조심스럽게 밀어 납작하게 만든다.
5. 베이킹 트레이에 케이크를 놓는다. 케이크에 솔로 물을 약간 바르고 남아 있는 설탕을 뿌린다. 케이크 위에 횡으로 3개의 작은 칼집을 넣어 마무리한다.
6. 오븐 중간 선반에서 15분간 놔두면 아름다운 퍼프가 피어오를 것이다.

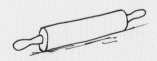

잼 타르트

잼 타르트는 〈이상한 나라의 앨리스〉에 나오는 하트의 여왕이 좋아하는 티 파티 메뉴다. 잼이나 레몬만을 넣은 단순한 형태도 있고 더 화려하고 정교한 효과를 내고 싶다면 짙은 휘핑크림과 부드러운 과일로 징식힐 수도 있다.

좀 더 완벽한 레시피를 원한다면 달콤한 숏크러스터(부서지기 쉬운) 페이스트리를 산다. 그러나 잼만은 꼭 최상품을 써야 한다.

| 약 12개 만들기 |

기본 레시피 :

- 달콤한 쇼트크러스트 페이스트리 200g
- 홈메이드 잼 또는 레몬 커드

특별 레시피 :

- 걸쭉해질 때까지 휘핑한 더블크림 200㎖
- 장식 과일

나는 딸기와 샴페인 잼(41쪽 참조)을 크림 위에 얹은 후 생 딸기나 약간의 레몬 제스트를 혼합한 휘핑크림으로 장식한 레몬 커드를 올리는 걸 좋아한다.

1. 오븐을 200℃로 예열하고 타르트 트레이에 기름을 바른다.

2. 밀가루를 가볍게 뿌리고 페이스트리를 민 다음 페이스트리 커터로 동그랗게 자른다. 그런 다음 준비된 타르트 트레이에 가볍게 눌러 담는다.

3. 좋은 품질의 잼 한 스푼 또는 레몬 커드를 각 페이스트리 케이스에 더하고 10분간 굽는다.

4. 오븐에서 꺼낸 그대로 뜨거울 때 서빙하거나 식혔다가 짤주머니를 이용해 휘핑크림을 돌리고 과일로 장식한다.

커피호두 케이크

멋진 옛날풍의 커피호두 케이크는 전통적인 애프터눈 티 파티에서 가장 중심을 차지한다. 나의 할머니와 어머니는 일요일 애프터눈 티를 위해 이 케이크를 구웠고 나 또한 이 선통을 슬겁게 이이가고 있나.

- 소프트 무염 버터 175g
- 캐스터 설탕 175g
- 중간 크기의 달걀 3개
- 진한 에스프레소 커피 1큰술 또는 따뜻한 물 1큰술에 용해된 인스턴트 커피 2큰술
- 체로 친 셀프레이징 밀가루 175g
- 잘게 다진 호두 60g
- 반으로 쪼갠 장식용 호두 한 줌

| 버터크림 아이싱 |

- 무염 버터 125g
- 아이싱 슈가 200g
- 에스프레소 커피 1큰술 또는 따뜻한 물 1큰술에 녹인 인스턴트 커피 2작은술

1. 오븐을 190℃로 예열한다.
2. 2 x 20cm 케이크 틀에 유산지를 깐다.
3. 버터와 설탕을 함께 섞어 색이 창백해지고 질감이 부드러워질 때까지 젓는다.
4. 달걀을 하나씩 깨뜨리고, 거기에 커피를 탄다.
5. 체에 친 밀가루와 다진 호두를 넣는다.
6. 케이크 틀에 혼합물을 일정하게 나누어 놓고 오븐 중간 선반에서 케이크가 살짝 눌렀을 때 다시

튀어오를 때까지 25분 동안 굽는다.

7. 오븐에서 꺼내고 만질 수 있을 만큼 식으면 식힘망으로 옮긴다.

8. 그러는 동안, 부드러운 버터와 설탕을 커피에 가볍고 푹신하게 섞일 때까지 거품을 내 버터크림을 만든다.

9. 케이크 스탠드 위에 케이크 하나를 올려놓고 버터크림의 반을 펴 바른 뒤, 다른 케이크를 위에 올려놓고 남은 버터크림을 바르고 반 자른 호두로 장식한다.

대추야자 호두 케이크

추운 겨울 오후에 딱 안성맞춤인 케이크이다. 진한 아삼 티 한 잔에 곁들인다.

- 셀프레이징 밀가루 200g
- 소프트 버터 110g
- 다진 대추야자 75g
- 다진 호두 25g
- 황설탕 /5g
- 중간 크기의 달걀 2개
- 우유 125㎖

1. 오븐을 190℃로 예열하고 빵 틀에 유산지를 깐다.
2. 큰 볼에 밀가루를 체로 걸러 넣은 다음 빵가루 형태가 될 때까지 버터를 부드럽게 문지른다.
3. 대추야자, 호두, 설탕을 넣고 잘 섞는다.
4. 달걀과 우유를 넣고, 잘 섞일 때까지 밀가루 혼합물을 젓는다.
5. 준비된 빵 틀에 혼합물을 넣고 오븐의 중간 선반에서 케이크 중간을 살짝 만졌을 때 튀어오를 때까지 약 1시간 20분 동안 둔다.
6. 오븐에서 꺼내 만질 수 있을 정도로 식으면 케이크를 꺼내서 유산지를 벗기고 식힘망으로 옮긴다. 두툼하게 썰어, 무염 버터를 발라서 낸다.

녹차 토디

녹차 토디는 흐리고 추운 날 꿀, 위스키, 레몬과
녹차를 따뜻하게 데워 마시는 음료다. 강한 맛을
선호하는 사람들을 위해 위스키나 럼을 첨가할 수도
있다. 옛날 방식은 개인의 기호에 따라 테이블에서
손수 각자 취향껏 믹스한다.
기본은 녹차 한 주전자를 우린 다음 레몬 몇 개를
즙을 짜 넣어 만든다(모인 사람 수에 따라 조절한다).
차를 찻잔에 부은 다음 위스키와 꿀, 신선한 레몬
즙을 기호에 맞추어 첨가한다.

럼 또는 위스키를 첨가한 아삼 티

아삼 티는 강하게 제조된 차이다. 어떤 하이 티에서도
아삼 티는 훌륭한 강한 맛을 선사한다. 단순하게
우유나 럼 주 또는 아이리시 위스키와 설탕을 타
맛있게 먹으면 된다.

가든 티 파티

초여름의 햇살 좋은 날 정원에서 마시는 차 한잔은 정말 낭만적이다. 살짝 구운 오이 샌드위치, 장미꽃잎 설탕 절임을 곁들인 빅토리아풍 스펀지 케이크와 프티 페이버릿, 버터플라이 케이크는 완벽한 여름 성찬이다. 그리고 농익은 라즈베리를 곁들인 머랭, 장미꽃잎 잼(39쪽 참조)을 바른 버터 빵, 그리고 얼그레이 티나 샴페인 한 잔(59쪽 참조)이 있어야 한다.

가장 예쁜 잔을 꺼내놓고 케이크 스탠드와 장미꽃으로 장식하라. 길고 나른한 오후를 위해서는 따뜻한 홈메이드 스콘을 곁들여 단순히 데본 크림티를 재창조할 수도 있다. 잼과 크림을 두껍게 펴 바르고 달콤한 딸기 한 그릇을 내놓는다. 한여름 오후 티타임을 가지며 몸과 마음의 긴장이 이완되면 저녁식사를 하기 전 잠깐 졸음이 몰려올 수도 있다.

양갓냉이와 토마토 샌드위치

호밀 빵으로 만드는 이 샌드위치는 만들기가 아주 쉽고 맛이 있어 한 입 베어무는 순간 여름의 맛이 입 안에 퍼진다. 달고 맛있는 토마토를 사용하는 게 중요한 포인트이다. 나는 식감을 위해 해바라기씨를 넣은 호밀 빵을 즐겨 사용한다.

첫 번째로 할 일은 토마토 껍질 벗기기이다. 그릇에 토마토를 넣고 표면이 갈라지도록 끓는 물을 부은 다음 뚜껑을 덮는다. 그런 다음 물을 따라내고 작은 칼로 껍질을 벗긴다. 얇게 슬라이스하고 남은 물기를 제거하기 위해 키친타월을 깐 접시에 놓는다.

소프트 가염 버터를 바른 호밀 빵에 토마토 슬라이스를 덮고 소금과 신선한 후추를 갈아 뿌린다. 위에 양갓냉이를 올리고 버터 바른 나머지 빵을 덮고 살짝 누른다. 잘 드는 칼로 가장자리를 잘라낸 다음 손가락 길이로 자른다.

완벽한 오이 샌드위치

본격적인 영국식 오이 샌드위치 없이 애프터눈 티는 완성되지 않는다. 단순한 재료로 완벽한 샌드위치를 만드는 기술이 있다. 단단한 오이를 고르고 빵은 얇게 썰어야 하며 서빙하기 직전에 만드는 게 좋다

만드는 방법은 간단하다. 야채 필러로 오이 껍질을 벗기고 잘 드는 칼로 아주 얇게 슬라이스한다. 체에 가지런히 정렬하고 고운 소금을 뿌린다. 20분 동안 놔둔 다음 체를 흔들어 남은 물기를 제거한다. 키친타월을 깐 접시에 슬라이스한 오이를 옮기고 다른 한 장으로 톡톡 두드려 물기를 말린다. 약간의 노력이 드는 일이지만 이렇게 해야 빵이 질척해지는 걸 방지할 수 있다.

갈색 빵을 가능한 얇게 썰고 소프트 가염 버터를 바른다. 빵에 2중으로 오이를 덮고 흑후추를 갈아서 뿌린다. 그런 다음 버터 바른 빵을 올리고 지그시 누른다. 가장자리를 잘라내고 손가락 모양 또는 세모로 자른다.

 샌드위치는 아주 빨리 마르기 때문에 서빙할 때까지 밀폐용기에 보관하거나 젖은 티 타월을 덮어둔다.

바닐라 버터크림을 올린 버터플라이 케이크

바닐라 버터크림을 올리고 그 위에 '버터플라이 윙'을 얹은 이 앙증맞은 케이크는 마을 축제에 등장하는 주요 품목이다.

| 12개 만들기 |

- 소프트 버터 110g
- 캐스터 설탕 110g
- 중간 크기의 달걀 2개
- 바닐라 엑기스 1작은술
- 셀프레이징 밀가루 110g

| 버터크림 만들기 |

- 소프트버터 110g
- 체로 친 아이싱 슈가 175g
- 바닐라 꼬투리 1개
- 우유 1큰술

1. 오븐을 180℃로 예열한다.
2. 12개의 종이 케이크 케이스를 12구 타르트 트레이의 구멍에 놓는다.
3. 아주 가볍고 푹신해질 때까지 버터와 설탕을 섞어 크림으로 만든다.
4. 달걀은 버터 믹스와 분리하여 거품 낸다. 거품 낸 다음 바닐라 추출물을 넣고 또 거품을 낸다.
5. 밀가루를 넣고 잘 섞는다.
6. 케이크 혼합물을 2/3 정도 찰 때까지 종이 케이스에 넣는다.
7. 오븐의 중간 선반에서 15~18분 동안 노릇노릇해질 때까지 구운 다음 오븐에서 꺼내서 식힌다.
8. 그동안에 버터크림을 만든다. 버터와 아이싱 슈가를 아주 가벼운 크림 상태가 될 때까지 휘핑하고, 우유를 섞은 다음 마지막으로 바닐라 꼬투리에서 씨들을 긁어 넣는다.
9. 날카로운 칼로 각각의 케이크 중앙에서 2cm 원을 자른다. 케이크의 원을 반으로 잘라서 '윙'을 만든다.
10. 각각의 구멍에 버터크림을 채우고 그 위에 '윙'을 올려놓는다. 마지막으로 아이싱 슈가를 체로 쳐서 뿌린다.

철도의 등장으로 도시에 사는 사람들은 시골로 당일치기 여행을 시작했다. 시골 여행에서는 정원에서 애프터눈 티타임을 가질 수 있어 시골풍의 즐거움을 만끽할 수 있었으며 여기서 잉글리시 크림티의 의식이 탄생했다.

버터밀크 스콘

나는 오븐에서 갓 꺼내 따끈할 때 반으로 가르고 홈메이드 잼이나 레몬 커드를 바른 뒤 클로티드크림이나 진한 더블크림을 얹은 스콘을 최고라고 생각한다. 하지만 버터만 바른 심플한 스콘을 선호한다면 설탕과 동량으로 말린 과일 50g을 첨가하면 좋다.

| 약 12개 만들기 |
- 셀프레이징 밀가루 225g
- 베이킹파우더 1/2작은술
- 캐스터 설탕 40g
- 주사위 모양으로 자른 소프트 버터 75g
- 버터밀크 또는 우유 2큰술
- 중간 크기 달걀 1개

| 서빙할 때 |
- 홈메이드 잼 또는 레몬 커드
- 클로티드크림 또는 휘핑한 더블크림

1. 오븐을 220℃로 예열한다.
2. 볼에 밀가루와 베이킹파우더를 체로 쳐 넣은 후 설탕을 넣고 젓는다. 버터를 넣고 빵가루 형태가 될 때까지 손가락을 사용해 반죽한 후 중앙에 우물을 만든다.
3. 우물에 달걀과 버터밀크를 넣고 가벼운 스펀지 도우 형태가 될 때까지 저어준다.
4. 도우를 밀가루를 살짝 뿌린 바닥에 놓고 2.5cm 두께가 될 때까지 부드럽게 민다.
5. 커터를 사용하여 지름 5cm로 둥글게 잘라 베이킹 트레이에 올려놓고 노릇노릇해질 때까지 오븐 위칸에서 10~12분 동안 굽는다.

진저 브랜디 스냅 위드 카다몸 크림

전통 과자로 알려진 브랜디 스냅은 중세시대에 시장에서 팔던 달콤한 과자다. 바삭하고 구불구불하고 생강 맛이 나는 브랜디 스냅은 카다몸 크림으로 속을 꽉 채운다.

나는 늘 2개의 배치를 만드는데 베이킹 트레이에 펼쳐질 수 있도록 충분한 여유 공간을 둔다. 그리고 너무 식어서 부서지기 전에 돌돌 만다.

| 10개 만들기 |

- 버터 55g
- 데메라라 설탕 55g
- 황금 시럽 55g
- 간 생강 1작은술
- 밀가루 55g
- 레몬즙 1/2작은술
- 더블크림 150㎖
- 카다몸 씨앗 가루 1/4작은술

1. 오븐을 200℃로 예열한다.
2. 버터, 설탕, 황금 시럽, 간 생강을 바닥이 두꺼운 소스팬에 넣고 설탕이 녹아 시럽이 형성될 때까지 부드럽게 데운다.
3. 불을 끄고 밀가루와 레몬즙을 넣어 저어준다.
4. 기름칠한 베이킹 트레이에 5작은술의 혼합물을 떨어뜨린다. 브랜디 스냅의 2배 정도 충분한 간격을 둔다.
5. 모양이 레이스처럼 구불구불해지고 색이 황금색으로 변할 때까지 15분 동안 오븐에 굽는다.
6. 브랜디 스냅을 들어 올려 나무 스푼 손잡이로 접어 컬을 만든다. 따뜻할 때는 쉽게 접히고 식으면서 딱딱해지고 바삭바삭해진다.
7. 나머지 혼합물을 사용하여 전체 공정을 반복한다.
8. 크림을 휘저어 가루로 만든 카다몸 씨에 넣고 젓는다. 그러고 나서 그 크림을 식힌 브랜디 스냅에 넣는다.

7세기에 설탕 퍼프라고 불렸던 머랭은 정원에서의 여름 티로서 딱 어울리게 가볍고 앙증맞은데, 역사적으로 달걀흰자 거품 낼 때는 자작나무 막대기를 사용했다. 캐러웨이 씨나 간 아몬드를 첨가해 풍미를 더한다.

머랭 위드 라즈베리 앤드 로즈 크림

최상의 맛을 내는 완벽한 조합. 원하는 맛에 도달할 때까지 로즈 워터를 부어주면서 크림 거품을 만든다.

| 16개 만들기 |

- 큰 달걀 3개의 흰자
- 캐스터 설탕 175g
- 더블크림 275㎖
- 로즈 워터
- 잘 익은 라즈베리 작은 광주리

1. 오븐을 110℃로 예열한다.
2. 베이킹 트레이에 유산지를 깐다.
3. 큰 볼에 달걀흰자를 넣고 아주 뻑뻑해질 때까지 거품을 낸다.
4. 설탕을 서서히 첨가하고, 머랭 표면에 광택이 나고 질감이 두꺼워질 때까지 계속 거품을 낸다.
5. 혼합 재료를 준비된 베이킹 트레이에 펼쳐질 수 있는 충분한 공간을 두고 떨어뜨린다.
6. 오븐의 아래 선반에서 바삭바삭해질 때까지 1시간 동안 굽는다. 너무 말랑거리면 15분 더 익혀준다.
7. 더블크림을 걸쭉해질 때까지 휘핑한 다음 원하는 양의 로즈워터를 섞는다.
8. 머랭이 식으면 중간에 휘핑크림을 바르고 라즈베리로 장식한다.

장미꽃잎을 넣은 빅토리아 샌드위치 케이크

이 클래식한 티타임 케이크는 티 파티와 온갖 달달한 것들을 아주 좋아한 빅토리아 여왕을 위해 창조되었다고 한다. 내 할머니는 속재료에 향기를 더하기 위해 라즈베리 잼에 늘 장미꽃잎 잼(39쪽 참조)을 섞곤 했다.

당절임한 장미꽃잎으로 장식한다.

- **소프트 버터 225g**
- **캐스터 설탕 225g**
- **바닐라 추출물 1작은술**
- **중간 크기의 달걀 4개**

- **체로 친 셀프레이징 밀가루 225g**
- **장미꽃잎 잼 2큰술과 라즈베리 잼 2큰술 혼합물**
- **더스팅할 아이싱 슈가**
- **당절임한 장미꽃잎**

1. 레몬은 갈아서 즙을 짠다.
2. 2 x 20cm 케이크 틀에 유산지를 깐다.
3. 혼합물이 희게 변하고 푹신푹신할 때까지 버터와 설탕을 섞어 크림화한다.
4. 바닐라 추출물을 첨가한다.
5. 달걀을 한 개씩 깨고, 다음 달걀을 넣기 전에 각각의 달걀이 잘 섞이도록 젓는다. 시간은 좀 드는 일이지만 그만한 가치가 있다.
6. 체로 친 밀가루를 금속 숟가락으로 섞는다.
7. 혼합물을 두 개의 틀에 똑같이 나누고 칼로 부드럽게 다듬는다.
8. 케이크를 오븐의 중간 선반에 놓고 20분에서 25분 동안 또는 케이크가 황금색이 되고 윗부분 가운데를 살짝 눌렀을 때 다시 튀어오를 때까지 굽는다.
9. 5분간 틀 안에서 케이크를 식힌 후 식힘망으로 옮기고 유산지를 제거한다.

10. 케이크가 식으면 케이크 스탠드에 케이크 하나를 놓고 라즈베리와 장미꽃잎 잼을 뿌린 다음 휘핑된 더블크림으로 덮는다.

11. 남은 케이크에 아이싱을 하고 크림 위에 조심스럽게 올려준다.

12. 당절임한 장미꽃잎으로 장식한다.

잉글리시 마들렌

이 원뿔형의 코코넛과 잼이 덮여 있는 가벼운 스펀지 케이크는 나의 어린 시절 티타임의 일부였다. 나는 늘 프루스트의 한때를 떠올리면서 그 시절로 돌아가 마들렌을 맛보곤 한다. 프렌치 마들렌과는 확연히 다른 잉글리시 마들렌은 티 테이블에서 믿을 수 없을 만큼 예쁜 모습을 자랑한다.

| 10개 만들기 |

- 소프트버터 110g
- 씨 없는 라즈베리 잼
- 캐스터 설탕 110g
- 잘 건조된 코코넛
- 중간 크기의 달걀 2개
- 설탕절임한 체리 5개
- 체로 친 셀프레이징 밀가루 110g

1. 오븐을 190℃로 예열한다.
2. 10개의 다리오 틀에 버터를 칠하고 소량의 밀가루를 더스팅한다.
3. 버터와 설탕을 함께 섞어 가볍고 보송보송하고 색이 창백해질 때까지 크림으로 만든다. 달걀은 각각 따로 분리하여 휘핑한다.
4. 잘 섞일 때까지 밀가루를 섞는다.
5. 다리오 틀에 3/4 정도까지 채우고 베이킹 트레이에 놓는다.
6. 오븐 중간 선반에서 만졌을 때 단단하게 느껴질 때까지 15~20분 동안 노릇노릇하게 굽는다.
7. 오븐에서 꺼내 5분간 식히고 예리한 칼을 이용해 조심스럽게 꺼내 식힘망으로 옮긴다.
8. 식으면 날카로운 칼로 바닥을 잘라서 똑바로 세운다.
9. 소스팬에 라즈베리 잼을 넣고 녹인 후 페이스트리 솔로 마들렌 위에 바른다. 마들렌을 말린 코코넛에 굴린 다음, 체리 반 개를 잼에 살짝 담갔다가 위에 올려서 마무리한다.

설탕 입힌 장미꽃잎

어떤 케이크에도 완벽한 장식이 되는 아주 기본적인 레시피이다.

농약을 치지 않고 벌레 먹지 않은 장미 꽃잎을 모은다. 달걀흰자를 가볍게 저어 장미 꽃잎의 표면에 바른다. 케이크 레에 꽃잎을 놓고 아이싱 슈가를 뿌린다. 꽃잎은 케이크를 장식하기 전에 건조시킨다.

진과 레몬을 넣은 얼그레이 티

맛있는 티타임 칵테일. 나는 늘 얼그레이 티를 큰 주전자로 우려놓고 나의 퍼펙트 믹스를 만들 때나 손님들 취향에 맞추어 혼합하는 걸 즐긴다. 서빙할 때는 반드시 접시를 받치고 여름 가든파티에는 아이스 얼그레이 티로 내놓는다.

| 진 |
- 갓 뽑은 신선한 얼 그레이 티 한 팟
- 캐스터 설탕
- 갓 짜낸 레몬즙
- 왁스 칠하지 않은 레몬 조각

갓 우려낸 진한 얼그레이 티를 티타늄 찻잔에 붓는다. 갓 짜낸 레몬즙과 캐스터 설탕을 첨가한 후 설탕이 완전히 녹을 때까지 저어준다. 마지막으로 레몬 한 조각을 띄워 서빙한다.

난롯가 티타임

───※───

어둠이 깔린 겨울 저녁에 불가에 둘러앉아 애프터눈 티를 즐기는 것만큼 따뜻하고 편안한 일도 없다.

구운 머핀, 크럼핏과 커런트 번은 난롯가 티 메뉴로서 단연 으뜸이다. 만일 손님용 토스팅 포크를 가지고 있다면 초대받은 손님들이 직접 토스팅을 하는 것도 재미있다. 토스터는 편리하기는 하지만 이런 재미는 덜하다.

버터를 바른 뜨거운 토스트와 함께 서빙되는 옛날 식의 연어 병조림(69쪽 참조)의 맛은 황홀하다고 할 만하다. 단맛을 원하면 시나몬 슈가를 뿌려 굽거나 홈메이드 잼을 바른다. 과일이 듬뿍 들어간 케이크 한 조각이나 따뜻한 핫 토디와 함께 제공되는 마데이라 케이크는 추위를 피하게 해줄 것이다.

굳이 격식을 갖추어 상을 차릴 필요는 없고, 천을 깐 나무 트레이와 맛있는 것들을 높이 쌓아올리면 된다. 그런 다음 가장 안락한 의자를 찾아서 곁에 내프킨을 두고 열심히 먹으면 그만이다.

시나몬 슈가

같은 분량의 가루 계피와 골든 캐스터 설탕을 섞은 것. 버터를 발라 구운 토스트나 다른 어떤 간식에도 뜨거울 때 뿌리면 매우 맛이 좋다.

토스트

중세시대 이후로 늘 사랑받아온 토스트는 영국의 특산품이며 겨울철 차에 안성맞춤이다. 벽난로가 있다면 토스트 포크로 무장하고 직접 굽기에 나서보는 것도 즐거운 일이다. 토스트는 오래된 빵으로 만드는 것이 좋으며, 뜨거울 때 즉시 먹어야 한다. 바깥쪽은 바삭바삭하고 안쪽은 부드러운 토스트에 버터를 듬뿍 바른 후 향기를 즐기기를 권한다. 토스트에는 무엇을 곁들여도 어울린다. 잼, 꿀, 시나몬 슈가, 구운 연어, 멸치, 치즈 또는 심지어 버터를 섞은 마마이트까지 올릴 수 있으니 무엇이든 도전해보자.

치즈와 사과, 호두를 넣은 샌드위치

맛있는 겨울 샌드위치의 속재료이다. 강판에 간 체다 치즈와 사과, 다진 호두를 마요네즈를 넣어 혼합한다.

19세기 중반 머핀은 아주 인기가 있어 머핀맨이 종을 울리며 티타임에 쓸 머핀을 팔러 다녔다. 그들의 인기가 최고조에 달했을 때는 수많은 판매원들이 경쟁적으로 종을 울려대 거리는 시끄러운 소음으로 참기 힘들 정도여서 벨 사용이 의회법으로 금지되었다.

각종 에티켓 책은 어떻게 머핀을 먹어야 하는지 방법을 알려주었다. 불에서 토스트 포크로 각 사이드를 구워야 하며, 절대 칼로 자르면 안 되고, 손으로 반을 갈라, 갈라진 사이에 큰 비터 한 덩이를 넣고 지그시 누른다. 먹기 직전에 머핀 안에 버터를 넣어 녹인다.

머핀의 완벽한 온도를 유지하기 위해 디자인된 머핀 접시를 가지고 있다면 아낌없이 사용하기를 권한다.

잉글리시 머핀

무거운 그리들에 이스트를 넣은 도우로 만드는 머핀은 안은 부드럽고 폭신하며 밖은 바삭하다. 자를 때는 손가락을 이용해 나누고 절대 칼을 사용하면 안 된다

| **12개 만들기** |

- **강력분 밀가루 450g**
- **소금 1작은술**
- **우유 150㎖**
- **물 110㎖**
- **캐스터 설탕 1작은술**
- **건조 효모 2작은술**

1. 볼에 밀가루와 소금을 체로 거르고 가운데에 우물을 만든다.
2. 우유와 물을 손이 뜨겁게 느껴질 정도로 데워 볼에 붓는다. 설탕과 건조 효모가 녹을 때까지 저어준다. 따뜻한 곳에 10분 정도 두거나 혼합물이 거품이 일 때까지 놓아둔다.
3. 우물에 붓고 부드러운 도우 형태가 될 때까지 섞는다.
4. 10분 동안 도우를 반죽한 다음 천을 씌워 크기가 두 배가 될 때까지 따뜻한 곳에 놓아둔다.
5. 조심스럽게 도우를 12조각으로 자르고 지름 7cm의 동그란 모양으로 만들어서 손바닥으로 부드럽게 눌러 납작하게 만든다.
6. 밀가루를 뿌린 판에 올려놓고, 천으로 덮은 뒤 부풀어오르도록 25분 동안 놔둔다.
7. 그리들이나 바닥이 무거운 프라이팬을 중불로 가열한다. 머핀을 세 개의 묶음으로 7분 정도 익힌다. 머핀은 황금색이 되지만 가장자리 주변은 여전히 하얗게 될 것이다.
8. 즉시 서빙하고 반으로 갈라 먹을 수 있는 만큼 버터를 바른다. 머핀이 식으면, 살짝 다시 굽는다.

이 독특한 투톤의 바텐버그 케이크는 1884년에 빅토리아 여왕의 손녀인 헤세 공주와 바텐베르크의 루이스의 결혼을 기념하기 위해 만든 것으로 알려져 있다. 아몬드 페이스트에 싸인 핑크 스펀지 케이크와 노란색 스펀지 케이크를 번갈아 얹은 것은 루이스의 고국에서 흔히 볼 수 있는 독일 케이크의 대리석 문양에서 영감을 받은 것일 수도 있다.

바텐버그 케이크

일반적인 4개보다 많은 16개의 작은 네모로 이루어진 예쁘장한 이 복고풍의 케이크는 분명 손님들의 눈길을 끌 것이다.

- 소프트 무염버터 225g
- 캐스터 설탕 225g
- 중간 크기의 달걀 4개
- 체로 친 셀프레이징 밀가루 275g
- 분홍색 식품 착색제
- 프라이팬에서 데운 씨 없는 라즈베리 잼

| 아몬드 페이스트 |
- 아몬드 가루 150g
- 캐스터 설탕 55g
- 아이싱 슈가 75g
- 레몬즙 1작은술
- 큰 달걀 1개

1. 오븐을 190℃로 예열한다.
2. 베이킹 트레이에 유산지를 깐다.
3. 버터와 설탕을 섞어 가볍고 푹신해질 때까지 친다.
4. 각각의 달걀을 하나씩 친다.
5. 체에 걸러진 밀가루를 넣어 섞는다.
6. 혼합물을 반으로 나눈다. 한 틀에 절반을 넣고, 남은 혼합물에 분홍색 식품 착색제를 소량 넣은 다음 두 번째 틀에 넣는다.

7. 오븐의 중간 선반에 놓고 케이크 가운데를 살짝 눌렀을 때 다시 튀어오를 때까지 30~35분 동안 굽는다.

8. 케이크가 만질 수 있을 정도로 식으면 종이를 벗기고 식힘망으로 옮긴다.

9. 케이크의 바깥쪽 가장자리를 날카로운 칼로 잘라낸 다음, 각각의 케이크를 세로로 4조각으로 자르고, 다시 반으로 잘라 8개의 긴 입방체를 만든다.

10. 케이크의 절단면에 데운 라즈베리 잼을 바른다. 이렇게 하면 색깔을 번갈아 가며 4개씩 배열할 때 옆면을 붙어 있게 해 체크무늬 효과를 만든다.

11. 건조 아몬드 페이스트 재료를 그릇에 넣고 체로 거른 후 레몬즙과 잘 푼 달걀을 넣고 반죽하여 두툼한 반죽을 만든다.

12. 마른 페이스트를 케이크와 같은 길이로 약간 겹쳐질 정도로 반죽을 민다. 페이스트에 데워진 잼을 바르고, 중앙에 케이크를 놓고 가장자리를 부드럽게 밀어 밀봉하면서 페이스트 둘레를 랩으로 단단히 감싼다. 끝부분에서 여분의 페이스트를 잘라내고 접시에 놓는다.

109

커런트 번

난롯가 티타임에는 커런트 번이나 티 케이크가 빠질 수 없다. 팽창제로서 달걀 거품이 발견되기 전에는 달콤하고 발효된 과일 번이 케이크의 선구자였다.

| 12개 만들기 |

- 따뜻하게 데운 우유 275㎖
- 캐스터 설탕 75g에 1작은술 더한 분량
- 건조 효모 1큰술
- 체로 거른 강력분 450g

- 커런트 75g
- 믹스드필 25g
- 2큰술의 우유에 녹인 캐스터 설탕 1큰술
- 녹인 버터 50g

1. 오븐을 200℃로 예열한다.
2. 우유 절반을 따뜻하게 데워 주전자에 붓고 건조 효모와 설탕 1작은술을 넣고 거품이 날 때까지 한쪽으로 젓는다.
3. 볼에 밀가루와 남은 설탕을 넣어 젓는다. 가운데에 우물을 만들고 효모 믹스와 남은 우유, 녹인 버터를 붓는다. 함께 섞고 반죽해서 단단한 도우를 만든다.
4. 말린 과일과 필을 넣어 반죽한 다음 천으로 덮고 따뜻한 곳에서 반죽이 원래 크기의 두 배가 될 때까지 약 1시간 정도 놔둔다.
5. 다시 한 번 살짝 반죽한 다음, 12조각으로 잘라 작은 빵 덩어리로 만들어 기름을 바른 베이킹 트레이 위에 놓는다. 천으로 덮고 30분 더 놔둔다.
6. 기름을 바르고 노릇노릇해질 때까지 20분 정도 굽는다. 오븐에서 바로 꺼내 따끈할 때 내놓거나 구워서 버터를 듬뿍 펴 바른다.

마데이라 케이크

시트론 필 토핑으로 즉각 알아볼 수 있는 진한 버터 케이크는 티타임의 고전에 속한다.
케이크 혼합은 씨앗 케이크와 리치 체리 케이크의 베이스로도 사용된다. 시트론 필을
대신해서 2스푼의 캐러웨이 씨앗이나 씻은 글라세 체리 75g을 반죽에 더해 케이크 틀에
굽는다.
만일 시트론 필을 구하기 어려우면, 레몬 필을 끓여 써도 된다(나는 캐스터 설탕 1큰술 대 물
3큰술을 넣고 반투명이 될 때까지 끓인다). 마데이라 와인 한잔과 함께 곁들인다.

- **소프트 버터 150g**
- **캐스터 설탕 150g**
- **큰 달걀 3개**
- **셀프레이징 밀가루 225g**
- **강판에 간 레몬 제스트**
- **반죽에 섞을 우유 2큰술**
- **4x1.5cm의 시트론 필**
- **장식할 설탕**

1. 18cm 느슨한 병 모양의 케이크 틀에 유산지를 깔고 오븐을 17℃로 예열한다.

2. 버터와 설탕을 가볍게 부풀 때까지 크림으로 만든다.

3. 각각의 달걀을 하나씩 치고, 밀가루, 레몬 제스트와 우유를 섞는다.

4. 혼합물을 준비된 틀에 넣고 조심스럽게 시트론 필을 얹는다. 필은 아래로 밀지 않아도 케이크가
   부풀어 오를 때 자연스럽게 가라앉는다.

5. 예열된 오븐의 중간 선반에서 1시간 20분 동안 또는 케이크 가운데가 단단하게 느껴질 때까지 굽는다.

6. 오븐에서 꺼내어, 따뜻할 때 캐스터 설탕을 뿌린다.

맥주의 홉에서 유래한 효모는 18세기까지 케이크를 부풀리는 매개제로 사용되었다. 그러다 달걀거품의 부풀리는 힘이 발견된 이후로 달걀거품이 그 자리를 대신했고 그 선구자로서 당당한 스펀지 케이크가 탄생했다. 당시의 레시피는 얼마나 많은 시간을 들여 달걀을 거품 내야 하는지 구체적인 시간까지 지시했다. 마데이라 케이크는 오전 간식 시간에 마데이라 와인과 함께 먹는 스낵이었고, 이후 티타임에도 곁들이게 되었다.

던디 케이크는 19세기 말 스코틀랜드의 유명한 마멀레이드 제조업자인 케일러에 의해 탄생했다. 그는 마멀레이드를 생산하지 않는 몇 달 동안 남아도는 감귤류 껍질을 사용하는 기발한 방법으로 던디 케이크를 만들었다. 레시피는 비밀에 부쳐졌다. 그리고 스코틀랜드에서는 아무도 그 케이크를 제조하지 않는다는 신사협정이 맺어졌다. 그러나 영국인들이 케이크를 만드는 것을 막지는 못했다.

던디 케이크

겨울 애프터눈 티는 맛있는 과일 케이크를 부른다. 데친 아몬드와 체리로 토핑한 진한 맛의 던디 케이크가 거기에 딱 어울린다. 마치 크리스마스 케이크처럼 예쁘고 우아한 케이크를 나는 늘 두 개를 준비하곤 한다.

- 밀가루 225g
- 베이킹파우더 1작은술
- 소금 1/4작은술
- 소프트 버터 175g
- 캐스터 설탕 150g
- 중간 크기의 달걀 3개
- 건포도 175g
- 커런트 110g

- 칼로 작게 자른 믹스드 필 50g
- 씻어서 반으로 자른 글라세 체리 50g
- 강판에 간 오렌지 제스트
- 강판에 간 레몬 제스트
- 아몬드 가루 50g
- 믹스할 우유
- 장식용으로 쓸 희게 껍질을 벗긴 아몬드
- 광택용 마멀레이드

1. 오븐을 170℃로 예열한다.
2. 20cm 또는 10cm인 루즈 바텀드 케이크 틀에 유산지를 깐다.

3. 밀가루, 베이킹파우더, 소금을 체로 친다.

4. 각각의 달걀을 하나씩 휘핑한다

5. 버터와 설탕을 가볍고 푹신해질 때까지 휘핑한다.

6. 밀가루, 베이킹파우더, 소금을 한데 섞는다.

7. 과일, 필, 체리, 간 제스트와 아몬드 가루를 섞고 농도를 묽게 하려면 소량의 우유를 첨가한다.

8. 혼합물을 준비된 틀에 옮긴다.

9. 케이크의 상단에 얼린 아몬드를 가볍게 배열한다. 너무 세게 누르지 않는다.

10. 오븐의 중간 선반에서 1시간 20분에서 2시간 가량 굽는다(크기가 작으면 1시간 20분). 또는 케이크 가운데를 가볍게 눌렀을 때 튀어오를 때까지 굽는다.

11. 만질 수 있을 만큼 열기가 식으면 틀에서 꺼내 식힘망으로 옮긴다.

12. 약간의 마멀레이드를 녹여 케이크 위에 붓는다.

보드카와 소다수를 넣은 로즈힙 시럽

어린 시절 로즈힙 시럽의 등장은 가을이 왔다는 신호였다. 어머니는 비타민C가 가득한 로즈힙 시럽을 만들어 감기에 대비했다. 늦여름이 되면 우리는 정원에서 붉은 장미 열매 따는 일을 돕곤 했고 야생 장미덤불에서 열매를 따 가방 가득 담아 가시고 집으로 돌아왔다. 나중에 나는 로즈힙 시럽에 보드카를 섞으면 아주 맛있어진다는 걸 발견하고 손님들에게 '건강한' 겨울 칵테일로 대접했다.

방법은 단순하다. 보드카에 로즈힙 시럽을 섞고 소다수를 부은 후 생 박하잎으로 가니시를 한다. 로즈힙 1kg 시럽 레시피는 선호하는 당도에 따라 설탕과 동량의 비율로 과일을 섞거나 또는 과일 비중을 조금 낮추면 된다. 나는 물 양을 늘 적게 하고 개봉 후에는 오랜 시간 두지 않는다.

│ 로즈힙 시럽 만드는 법 │

- **로즈힙 1kg**
- **물 2.5ℓ**
- **흰 그래뉴당 500g**
- **면이나 베로 된 주머니**

---

1. 로즈힙의 윗부분과 꼬리를 따고 잘 씻는다.
2. 준비한 물 2/3를 로즈힙이 충분히 잠길 만큼 큰 냄비에 붓고 끓인다.
3. 로즈힙을 푸드 프로세서로 잘게 다져 끓는 물에 넣고 끓인다. 그런 다음 불에서 내려 뚜껑을 덮고 30분 정도 둔다.
4. 혼합물을 면이나 베 주머니로 거르고, 액체가 남지 않도록 꽉 짠다.
5. 냄비에 남은 물과 함께 건더기를 넣고 다시 끓인 후 30분 동안 따로 두었다가 다시 거른다.
6. 걸러진 액체를 깨끗한 팬에 전부 넣고 액체가 반으로 줄어들 때까지 끓인다.
7. 설탕을 붓고 녹을 때까지 저은 다음 5분간 빠르게 끓인다.
8. 소독하고 따뜻하게 데워둔 병에 담아서 즉시 밀봉한다.

아이와 함께 티타임

아이들이 얌전히만 있다면 아이들도 함께 티타임을 가질 수 있다. 아이도 참여하는 티타임은 전통적으로는 엄격한 규칙들이 많다. 빵과 버터는 케이크보다 먼저 먹어야 하고, 영양가 많은 정어리 샌드위치와 잼이 있어야 하고 케이크는 삼가야 한다.

요즘은 옛날보다 훨씬 덜 엄격하고 조금 더 재미있어졌다. 마마이트와 잼 샌드위치는 예쁜 모양으로 자르고 버터와 꿀을 바른 뜨거운 스콘 한 덩이, 잼 타르트와 잼 비스킷, 예쁜 잉글리시 마들렌(99쪽 참조)과 알록달록한 미니 케이크가 등장한다.

인형과 테티베어는 자연스럽게 티 한 세트를 즐길 명예로운 손님으로 초대받아 당당하게 한 자리를 차지한다.

미니 너저리 케이크

| 12개 만들기 |

레몬 드롭스 레시피(46페이지 참조)에 설명한 대로 케이크를 만든다. 세팅 포인트에 도달했을 때 작은 조각으로 자른다. 110g의 아이싱 슈가에 물을 조금씩 넣으면서 부드럽고 두꺼운 아이싱이 형성될 때까지 글라세 아이싱을 만든다. 원한다면 이 지점에서 음식에 색다른 색감을 줄 수도 있다.

잼 비스킷

잼 비스킷은 빠질 수 없는 단골손님이다. 맛깔난 비스킷 베이스를 위해 57쪽의 숏브레드 레시피를 따른다.

도우를 0.5cm 두께로 밀고 원하는 모양으로 자른다. 하트 모양이 예쁘다. 비스킷을 논스틱 베이킹 트레이에 놓는다. 그 다음 나무 스푼을 사용해 각 비스킷의 중앙에 톱니 모양을 만든다. 취향에 맞는 잼으로 속을 채우고 레시피대로 굽는다.

스위스 롤

고전적인 스위스 롤을 만들기 위해, 58쪽에 나온 대로 제노바 케이크를 만든다. 유산지에 캐스터 설탕을 뿌리고 케이크 한 판을 준비한다. 가장자리로부터 케이크 끝을 1cm 정도 잘라낸다.

그런 다음 잼을 펴 바르고 유산지를 당기면서 케이크를 단단하게 만다. 설탕을 좀 더 뿌리고 크림과 부드러운 과일과 함께 서빙한다.

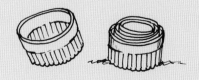

드롭 스콘

작고 도톰한 이 팬케이크는 진한 반죽으로 만들어 철판에서 굽는다. 뜨거울 때 팬에서
바로 꺼내 버터와 꿀을 발라 먹는 게 최고다.

| **20개 만들기** |

- 일반 밀가루 225g
- 중간 크기 달걀 2개
- 베이킹소다 1/2작은술
- 소금 한 꼬집

- 캐스터 설탕 25g
- 타르타르 크림 1/2작은술
- 우유 275㎖

1. 밀가루를 체로 친 다음 베이킹소다를 섞는다. 볼에 타르타르 크림과 소금을 넣는다.
2. 달걀과 설탕을 함께 넣고 거품을 낸 다음 우유를 부으면서 거품을 낸다. 밀가루에 붓고 모든 재료를
   걸쭉한 반죽이 될 때까지 섞어 반죽이 약간 부풀어오르게 한다.
3. 기름칠한 그리들 또는 바닥이 무거운 프라이팬을 적당한 온도로 가열한다. 그리들에 떨어뜨려 충분히
   펼칠 수 있는 여유 공간을 두고 디저트스푼으로 반죽을 그리들에 떼어놓는다. 스콘이 부풀어오르면
   뒤집고 황금색이 될 때까지 몇 분 더 익힌다.
4. 그리들에서 꺼내 서빙할 때까지 예쁜 천으로 덮어 놓는다.

석탄 레인지가 사용되기 전인 19세기까지 홈베이킹 도구로서 모든 가정에서 일반적으로
사용한 것은 그리들이었다. 그러므로 드롭 스콘, 머핀과 크럼핏 같은 레시피가 급증되는
초기에는 오븐 베이킹이 필요한 것들은 모두 로컬 베이크하우스에 보내거나 불 조절이
안 되는 나무 연료 스토브에서 이루어졌다. 이른 아침에 불을 피워 화력이 가장 셀 때
고온을 요하는 모든 퀵 쿠킹이 이루어졌고 다음 순간 불에서 그날의 볼모 쿠킹 레시피들이
만들어졌다. 이 모든 것들은 하루 빵 굽는 날을 잡아 이루어졌다. 그러다 마침내 새로운
스타일의 석탄 오븐이 등장하면서 베이킹을 할 때 고온의 열을 통제하는 게 가능해졌다.

레시피 색인

저자 소개

부부인 캐롤린 칼디코트와 크리스 칼디코트는 런던 코벤트 가든에서 세계 음식 카페를 운영하면서
전 세계를 돌아다니며 모은 맛있는 레시피로 채식 음식을 만들어 팔았다.
특히 캐롤린은 어린 시절부터 티타임 레시피를 모았다. 남편인 크리스는 〈인디펜던트〉 〈데일리 텔레그라프〉 등
여러 신문과 잡지에 정기적으로 사진을 싣는 유명한 사진가이며 1991년부터 왕립지리학회의 공식 사진가이다.
크리스와 캐롤린은 《애프터눈 티타임》 외에도 3권의 채식 레시피를 담은 책을 공동 집필했다.

애프터눈 티타임

초판 1쇄 발행 | 2019년 11월 1일

지은이 | 캐롤린 칼디코트
사진 | 크리스 칼디코트
옮긴이 | 최은숙
디자인 | 엄세희
펴낸이 | 최은숙
펴낸곳 | 옐로스톤

출판등록 2008년 3월 19일 제 396-2008-00030호
주소 (04053) 경기도 고양시 일산동구 중앙로 1233 1021호
전화 (02) 323-8851 팩스 (031) 911-4638
이메일 dyitte@gmail.com, 블로그 https://blog.naver.com/yellowtone, 페이스북 Yellowstone2

이 도서의 국립중앙도서관 출판예정도서목록(CIP)은 서지정보유통지원시스템
홈페이지(http://seoji.nl.go.kr)와 국가자료공동목록시스템(http://www.nl.go.kr/kolisnet)에서
이용하실 수 있습니다. (CIP제어번호: CIP2019038931)